齐安甜 著

安心立命

「道德经」与心理咨询

上海远东出版社

图书在版编目(CIP)数据

安心立命:《道德经》与心理咨询 / 齐安甜著. --
上海:上海远东出版社,2019
ISBN 978-7-5476-1443-3

Ⅰ.①安… Ⅱ.①齐… Ⅲ.①《道德经》—应用—心
理咨询 Ⅳ.①B849.1

中国版本图书馆 CIP 数据核字(2019)第 017522 号

策　　划 曹　建
责任编辑 王　萍　王　杰
特约编辑 袁春玉
封面设计 李　廉

安心立命:《道德经》与心理咨询

齐安甜　著

出　　版 上海远东出版社
(200235　中国上海市钦州南路 81 号)
发　　行 上海人民出版社发行中心
印　　刷 昆山亭林印刷有限责任公司
开　　本 710×1000　1/16
印　　张 13
字　　数 193,000
版　　次 2019 年 3 月第 1 版
印　　次 2019 年 3 月第 1 次印刷
ISBN 978-7-5476-1443-3/G·916
定　　价 58.00 元

总　　序

《老子》——中华民族取之不尽的思想宝藏

2018 年金秋，一个秋风吹落叶、满地皆金黄的日子，我来到北京西北郊苏家沱镇大觉寺的村庄，访问张顺江先生的故居。

之前，我对张先生一无所知，他作为中国决策科学的第一位教授，有什么著作和研究，竟然无所闻，真是隔行如隔山。及至看到张先生故居的《老子治世系统纲要》和《老子德经发挥与管理科学系统图》，我才发现，这位先生虽然与我研究的领域和路径不同（他研究的是决策学，我研究的是政治学），但最后殊途同归，都走到了同一个原点：原来我们研究的，竟然是同一本书，而且他使用的图案，在太极图中有“人民”二字，完全与我的《以百姓心为心——老子政治哲学》一样。显然，他的系统决策，主要说的是政治系统的决策。我像找到了一位知心朋友，一位良师益友，隔着时空，在心灵信息中进行了沟通交流。他的研究，很富有逻辑性，把老子的五千言，进行了系统性的解读，从“道生一，一生二，二生三”的玄元开始，进而玄德、玄同，再到治世之道、治世之经、治国、信息分析、目标分解、以民心为核心的决策模式，最后到实践中的顺道而行，进入大治境界，以及违道而行出现乱象的修正返朴，回归大治，完成了他对老子政治决策的系统分析，真可谓画龙点睛、一气呵成、逻辑严整、论证有据，可以说是《老子》研究领域中的一个佳作，值得人们细细品味。

读到这里，读者们会问，你研究《老子》（也称作《道德经》），并把《老子》说成是政治学巨著，张先生研究《老子》，把《老子》说成是决策学，那么《老子》到底是什么书?

可以说,老子的著作一问世,人们对他的理解就是多元化的。这从老子后学的思想特征中可以窥见一二。杨朱、列子、庄子、黄老、道教都是以老子思想为基础形成的不同学派,但在他们的论述中,除了都认同老子的"道法自然""无为而治"的核心思想外,对什么是老子之道的论述也是各有千秋。杨朱主为我,列子贵虚无,庄子倡放任,黄老述南面之术,道教求成仙不老,这些学派,各有各的主张,各有各的精彩,都是得其一,未能得其全,但又都对传承弘扬老子思想的不同内容发挥了独特的作用,构成了老子思想研究中的丰富多彩的百花园地。

这也正是《老子》粉丝们的最大乐趣所在。正如德国哲学家尼采所说,《道德经》像一个永不枯竭的井泉,满载宝藏,唾手可得。人们从这一宝藏中,仁者见仁,智者见智,各有各的出发点和体悟,结合自己的切身体验与人生实践,有的述老子的本体论、认识论、科学论、逻辑论,有的写老子的养生思想、教育思想、军事思想、政治思想、美学思想,写出了千姿百态的老子智慧。

齐安甜博士即将出版的《无为而治:〈道德经〉与管理》《我心光明:〈道德经〉与心理健康》《安心立命:〈道德经〉与心理咨询》就是老子研究这块百花园地中新开的三朵花蕾。

齐安甜博士长期从事的工作是银行与证券管理,可以说与专业的老子哲学研究并不沾边,但齐安甜博士在工作中广泛涉猎人文社会科学领域。在工作之余,他阅读了大量的人文社会科学著作,积累了相当丰厚的学养学识,并从管理学、心理学、健康学角度对《道德经》进行了专业解读,写出了三本学习老子智慧的心得体会,为人们理解老子增加了新的视角。

作者在《无为而治:〈道德经〉与管理》一书中,认为博大精深的老子管理哲学思想对现代管理理论和实践有着重要的启示。挖掘老子管理思想的深层内涵,分析老子管理思想的现代价值,科学地运用老子管理思想和管理方式中的积极合理要素,对于加强和提升现代管理具有重要的实践价值和借鉴意义。要在学习和借鉴西方亨利·法约尔、马克斯·韦伯、彼得·德鲁克、迈克尔·波特和杰克·韦尔奇等人管理思想的基础上,对老子管理思想进行探讨，使其适应中国的国情。

比如，西方管理学重在“管”，是硬功夫，而老子倡导上善若水，水则是软变化，治理就是顺势而为、“无为而治”，管理者应将重点放在“理”上，而非“管”上。所谓“理”，是指创造有利的环境使所有的人能够发挥其能力，“自然”地达成组织目标。“管”则是对下属进行规定和控制，通过贯彻管理者的意志实现组织的目标。要把企业从管变理，又需要领导者采用老子的不言而教、有无相生、绝圣弃智、处下不争、知止不殆、柔弱胜刚强、以百姓心为心、治大国若烹小鲜、以正治国、以奇用兵、治人事天莫若啬、善战者不怒、不敢为天下先。《道德经》处处闪耀着管理智慧的光芒。

在《我心光明：〈道德经〉与心理健康》一书中，作者认为，道法自然、不折腾才是好的养生策略。养生贵在养心，心静如水才能气血自然。老子思想与心理健康有天然的、紧密的联系，《道德经》本身就是一部心理缓释的著作。例如，许多人的心理问题来源于不能接受挫折、失败与痛苦。但从老子的角度，把顺境看为阳，逆境看为阴，那么，人生的挫折与痛苦本就是人的有机组成，有阴有阳方为太极，仅有阳而无阴则不能称之为圆满的人生。因此，我们应直面挫折与困境，看着它、迎接它、接受它，因为这些挫折与困境就是人生本身。明白此理，许多绝对化的心理问题便可迎刃而解。

在《安心立命：〈道德经〉与心理咨询》一书中，作者指出，心理咨询的研究对象是人，而人离不开生存的文化环境。建构中国心理咨询的理论框架，必须根植于中国传统文化。这样不但可以找到影响中国人心理与行为的主要社会文化历史因素，而且可以避免简单套用西方心理咨询理论使用的思维模式和价值取向，有针对性地进行有效的咨询和指导。《道德经》中蕴含的丰富心理治疗思想，心理咨询的最高境界，就是老子所说的“功成事遂，百姓皆谓我自然”的咨询效果。

这几本书的优点就是，作者是老子思想的研究者，又是担任一定管理职务的领导者，具有相关的实践经验，能把实践与理论很好地结合起来。相信读者能够从齐安甜博士学习《道德经》的体会中，汲取到管理、心理、健康方面的知识和智慧，对自己的工作和身心健康有所裨益。

当然，这三本书也有一些待加强的地方。比如，作者提出，老子思想中也有一些不合时宜的内容,但没有具体进行分析,如能举出一些具体内容,可能对读者帮助更大。再比如,既然要谈健康,老子思想当然是有丰富内容的,但如果能稍稍扩展到《黄帝内经》《庄子》,有可能会更好地说明心理健康的方法,比如《庄子·杂篇·庚桑楚》中,就明确地使用了“卫生之经”的健康,十分明确地提到了人们如何保持心理健康的方法等。这些都是需要作者进一步努力提高充实的。

《老子》的思想博大精深,尽管已经被人们研究了千百年,已经有了无数的成果,但后人还是会有新的发现,老子思想研究的领域并没有穷尽,人们结合不同的时代和不同的人生,总有说不完的话、道不尽的理。它就像一口永不枯竭的甘泉,永远源源不断地为人们提供着宝贵的智慧。这真的如《老子》开篇所说“道可道,非常道”,道,是永远可以被人们不断言说,但又是人们永远说不尽、道不透的。老子的思想极有生命力,有很强的适应性,而且有些思想可能比老子当时提出这些思想更有现实性,比如,老子主张的以百姓心为心,主张无事取天下,主张知止不殆,主张上善若水,主张损补抑举,主张人类效法天地自然等思想,在我们当下不是有很强的针对性吗?

《老子》,一部道不尽的思想巨著,一部中华民族永远的精神丰碑,将永远是中华民族砥砺前行的力量与智慧的源泉。

愿有更多人研究、学习、践行、传播老子的思想。

是为序。

北京大学中国战略研究中心主任　叶自成

2018年10月31日

自　序

随着中国社会的发展和人民生活水平的提高，人们的心理健康意识增强了，而心理咨询正是人们开始普遍重视精神生活的产物，但我国当代的心理咨询理论与技术大多来源于西方，带有强烈的西方文化色彩，可以说是舶来品，是通过移植西方心理学的途径建立和发展起来的。

在欧美国家，心理咨询虽然已有百年历史，但目前仍处于学派纷呈的发展期。中国的心理咨询领域，目前尚处于起步阶段，但各种流派的治疗方法像潮水般纷纷涌入。

因为东西方文化之间的差异，中国人与西方人在心理行为表现方式上有着明显的不同，由于这种巨大的差异，一些在西方文化背景中行之有效的心理咨询理论与方法在我国的实践中却遇到了种种困难。因此，我们不能只讲拿来主义，将西方的理论直接生硬地用在中国人身上。

我们知道心理咨询的研究对象是人，而人离不开其生活的文化环境。中华民族作为一个有着几千年文明历史的古老民族，其心理特质是几千年中国文化结晶的反映，而当代中国人的心理与行为无不带有深深的民族烙印，是中国几千年社会政治以及文化历史发展的产物。

要真正反映中国人的心理特点，进而建构中国心理咨询的理论框架，必须根植于中国传统文化。这样不但可以找到影响中国人心理与行为的主要社会文化历史因素，而且可以避免简单套用西方心理咨询理论使用的思维模式和价值取向，进而有针对性地进行有效的咨询和指导。

中国的心理咨询不仅要充分借鉴、吸收西方的治疗理论和实践经验，还要结合自己的国情和中国人的人格特点，形成自己的特点。尤其对于中国优秀的传统文化，更要汲取其心理学思想。本书旨在深入理解道家老子思想的基础上针对心理咨询进行理论和方法上的探讨。

老子是我国道家的开山鼻祖,其唯一著述《道德经》微言大义,体现了老子完整的“究天道、言人事”的思想体系,其思想在薪火相传的过程中渐渐与儒家思想相融,并深刻地影响了儒家学派。就连后世的中国佛教文化也以老子创立的道家文化为重要源头之一,禅宗思想尤为如此,这使得“儒、释、道”三家互有兼容。在中国的哲学、政治、军事、心理、医学等方面均体现了老子思想的深刻影响。

《道德经》是中国传统文化的一座高峰,作为中国传统文化的重要一脉绵延至今,其博大精深的思想不仅是中国人,也是整个人类宝贵的文化遗产。当它与当代西方流行的心理咨询理论和技术结合起来时,其对人生的指导意义又一次凸显出来。

在西方心理学百年的发展中,多位研究中国文化的大师如荣格、罗杰斯等已从不同角度将老子思想融入了心理学的发展中。在心理咨询领域,尽管各种方法的取向不同,但都包含三个共同因素:治疗者、来访者及治疗过程。对于老子思想中所蕴含的丰富的心理治疗思想,我们尝试从以上三个角度展开论述。

笔者认为,老子思想与心理健康有天然的、紧密的联系,《道德经》本身就是一部心理缓释的著作。例如,许多人的心理问题来源于不能接受挫折、失败与痛苦,但从老子的角度看,世界由无到有,“道生一,一生二,二生三,三生万物”,也即无极生太极,太极生万物,构成五彩缤纷的世界。太极是由阴阳构成,阴中有阳,阳中有阴,阳极生阴,阴极生阳,物极必反,福祸相依,阴阳对立而统一。如果把顺境看作阳,逆境看作阴,那么,人生的挫折与痛苦本就是人生的有机组成部分,有阴有阳方为太极,仅有阳而无阴则不能称之为圆满的人生。因此,我们应直面挫折与困境,看着它、迎接它、接受它,因为这些挫折与困境就是人生本身。明白此理,许多绝对化的心理问题便可迎刃而解。

笔者研习《道德经》二十余年,深感老子哲学思想的博大精深。学以致用,方能致远。结合多年的心理咨询及企业管理实践,不思浅陋,历经数年撰写了《我心光明:〈道德经〉与心理健康》《安心立命:〈道德经〉与心理咨询》《无为而治：〈道德经〉与管理》系列作品，旨在从多个角度阐释《道德经》的应用。抛砖引玉，期待更多的国学大家、有志之士取得更多更好的《道德经》研究成果，将中华文化与文明发扬光大。

《安心立命：〈道德经〉与心理咨询》是致力于将老子哲学思想应用于心理咨询的一个尝试，书中错误在所难免，敬请方家不吝指正！

心理咨询的最高境界就是让来访者在不知不觉中达到生命的觉醒和自身的成长，在来访者的眼中，一切像春风化雨，咨询师好像什么都没做，咨询室好像什么都没发生，从而实现了老子所说的“功成事遂，百姓皆谓我自然”的咨询效果。这正是：

好雨知时节，当春乃发生；
随风潜入夜，润物细无声。

齐安甜

2019年2月

目　　录

第一章

心理咨询是什么？

2018 年 6 月，连续多起自杀与他杀事件震惊网络：6 月 4 日，山东省淄博市临淄雪宫中学初三学生秦某将同班同学马某杀害；6 月 14 日，中科院博士生谢雕被高中同学周凯旋从千里奔赴而来杀害；6 月 20 日，甘肃省庆阳市庆阳六中女生李依依（化名）因受到班主任吴某性骚扰而跳楼自杀；6 月 22 日，陕西省西安市公交车发生持刀伤人案件，造成 10 人受伤，2 人抢救无效死亡；6 月 25 日，山东省烟台市 1 名男子驾驶叉车在马路上横冲直撞，致 1 人被撞身亡，10 余人受伤，多辆车受损；6 月 28 日，上海市徐汇区世外小学浦北路校区门口一男子持刀砍伤 3 名男童及 1 名女性家长，后 2 名男童经抢救无效死亡；6 月 29 日，广州大学信息工程学院原院长、博士生导师谢某持刀捅死同事罗某与申某夫妇。

仅仅 1 个月时间，就发生了如此多令人震惊的案件，行凶者不仅有成人，还有儿童；不仅有一般社会人员，还有博士、教授。我们不禁要问，现在的人们怎么了？抛开社会因素不谈，可以说，这些杀人与自杀者的心理问题是造成这些悲剧的主要原因之一。尽管存在这样或那样的现实压力，但如果他们的心理得到适时、适度的辅导，也许他们的极端行为会得以避免，悲剧不再发生。

曲突徙薪，亡羊补牢，未为迟也。心理咨询对人的身心健康，对社会稳定有着不可估量的作用。那么，秉承古人的智慧，让我们踏上这条心灵之旅吧。但愿，沿途，我们会发现美丽的风景。

心理咨询的概念

心理咨询(counseling)是指运用心理学的方法,对心理适应方面出现问题并企求解决问题的求询者提供心理援助的过程。需要解决问题并前来寻求帮助者称为来访者或者咨客,提供帮助的咨询专家称为心理咨询师(以下简称“咨询师”)。来访者就自身存在的心理不适或心理障碍,通过语言文字等交流媒介,向咨询师进行述说、询问与商讨,在其支持和帮助下,通过共同的讨论找出引起心理问题的原因,分析问题的症结,进而寻求摆脱困境并解决问题的条件和对策,以便恢复心理平衡、提高对环境的适应能力、增进身心健康。

对心理咨询的解释可以分为广义和狭义。广义的心理咨询包括心理咨询和心理治疗,有时心理检查、心理测验也被列为心理咨询的范围。狭义的心理咨询不包括心理治疗和心理检查、心理测验,只局限于咨访双方通过面谈、书信、网络和电话等手段向来访者提供心理救助和咨询帮助。

心理咨询与心理治疗的关系

无论在关系的性质上,还是在改变和学习过程上,心理咨询与心理治疗两者没有本质的区别,在指导的理论上都是相似的。如果有区别的话,也是人为的、非本质的。

第一,工作的任务不同。心理咨询的任务主要在于促进成长,强调发展模式,帮助来访者发挥最大的潜能,为正常发展消除路障,重点在于预防。心理治疗则多在弥补病人过去已经形成的损害,解决和改变发展结构障碍。

第二,对象和情景不同。心理咨询遵循教育的模式,来访者多为正常对象,主要涉及日常生活问题,一般在学校、单位、心理咨询机构等情景中开展工作。心理治疗的对象是心理异常的病人,是在临床和医疗情景中开展工作。

第三,工作的方式不同。心理咨询应用更多的方式介入来访者的生活环境之中,如参与他的直接环境,与来访者的家庭、亲友取得联系,以及应用更多的日常生活设施(如电话咨询等),设计和组织学习班和各种团体活动。心理治疗的形式则更多为成对会谈。

第四,解决问题的性质和内容不同。心理咨询具有现实指向的性质,涉及的是意识问题,如有关职业选择、培养教育、生活和工作指导、学习辅导等,因而多采用认知和论理的途径。心理治疗涉及内在的人格问题,更多的是与无意识打交道。

心理咨询的分类和形式

根据咨询的内容,心理咨询可以分为发展心理咨询和健康心理咨询;根据咨询的规模,可分为个体心理咨询与团体心理咨询。

发展心理咨询

为了适应现代化的工作和生活节奏,人们越来越重视对自身的认识和关注,而发展性心理咨询可以帮助人们挖掘心理潜力,提高自我认识的能力。当自我认识出现偏差或障碍时,可以通过心理咨询得以解决。

随着人类物质文明和精神文明水平的不断提高,人们渐渐关注如何全面提高生活质量,比如提高学习和工作能力、保持最佳工作状态、维护安宁的生活环境、协调家庭成员和社会成员的人际关系等。心理咨询作为一种专业技能,可以帮助人们调整内心世界,提高生活质量。

发展性心理咨询常涉及以下内容:孕妇的心理状态、行为活动和生活环境对胎儿的影响;儿童早期智力开发;儿童发展中的心理问题;青春期身心发展的不平衡;社会适应问题;性心理知识咨询;男女社交与早恋;青年独立性和依赖性的矛盾;友谊与恋爱;成就动机与自我实现性问题;择偶与新婚;人际关系;择业、失业与再就业;中年及更年期人际冲突、情绪失调、工作及家庭负荷的适应;家庭结构调整;更年期综合征;老年社会角色再适应;夫妻、两代、祖孙等家庭关系;身体衰老与心理衰老;老年性生活;等等。

心理咨询采用的形式,可分为门诊咨询、电话咨询和互联网咨询。

健康心理咨询

健康心理咨询的对象究竟是哪些人?应该说那些觉得心理不够健康的人群,都是心理健康咨询的对象。也就是说,凡是因为某些心理社会刺激而引起心理状态紧张的人,并且明确体验到躯体或情绪上的困扰者,都可以是健康心理咨询的对象。因为心理社会刺激非常纷繁而复杂,在目前的社会广泛存在着。因此,凡是在生活、工作、学习、家庭、疾病、康复、婚姻、育儿等方面出现的心理问题,一旦求助者体验到不适或痛苦,都属于健康心理咨询的工作范围。其内容大致如下:

(1) 各种情绪障碍,如焦虑恐惧、抑郁悲观等;

(2) 各种不可控制性的思维、意向、行为、动作的解释;

(3) 各类心身疾病,如冠心病、高血压病、支气管哮喘病、溃疡病以及性功能障碍等;

(4) 长期慢性躯体疾病,久治不愈,既对治疗不满意,又丧失信心,因而需进行心理上的指导者;

(5) 精神病康复期求助者的心理指导;

(6) 对家庭中的求助者,应如何进行处理、护理问题等。

心理咨询过程

(1) 进入与定向阶段。

① 建立辅导关系;

② 搜集相关资料,以利初步界定问题,明确辅导需要;

③ 初步了解当事人的个人、环境资源;做出接案决定;做出辅导安排。

(2) 个人探索阶段。

① 建立良好的关系；

② 搜集有关资料，以进一步界定和理解问题；

③ 协助当事人进行自我探索，达到对当事人的深入了解。

（3）目标与方案探讨阶段。

① 激发当事人改变的动机；

② 处理好当事人的期望和目标的关系；

③ 咨询师要明了现有的干预手段和自己能力的局限；

④ 咨询目标的确定要以当事人为主，咨询师起辅助作用。

（4）行动与转变阶段。

① 避免让当事人变成一种被动、接受、依赖的角色；

② 保持灵活性；

③ 要注意治疗收获在实际生活中的迁移应用情况；

④ 行动与转变阶段要经常进行评估，即根据已确定的目标，看咨询和治疗实际取得了多大进展。

（5）评估与结束阶段。

① 评估目标收获；

② 处理关系结束的问题：分离焦虑；

③ 为学习的迁移和自我依赖做准备；

④ 最后一次会谈。

心理咨询原则

心理咨询的原则是咨询工作的基本要求，它对心理咨询工作的成效有重要意义，因而在咨询过程中必须遵循以下七项基本原则。

（1）理解性原则。理解性原则是指咨询师认识到来访者的心理和行为是可理解的，抱着一种尝试或尽力去理解来访者的心态，从而深入体验来访者的心理世界或精神世界的原则。也就是说，要求咨询师能设身处地感受来访者的情绪和情感体验，正确地理解来访者的思想，使来访者能够在精神上得到理解与支持。作为心理咨询师,在一对一的心理帮助活动中,这种理解和支持是至关重要的。

(2) 保密性原则。保密性原则是心理咨询中最重要的原则,它是鼓励来访者畅所欲言的心理基础,同时也是对来访者人格及隐私权的最大尊重。来访者确信咨询师会对他们的谈话内容保密时,也即建立了相互信任的咨访关系后,才可能谈出自己未向人泄露过的内心隐秘,这时也才是真正解决其心理困扰的开始。咨询师随意泄露来访者的私人秘密,不仅应受到舆论的谴责,而且要负法律责任。因此,保密性原则是咨询师必须严格遵守的原则。心理咨询的保密范围,包括对来访者的谈话内容保守秘密、不公开来访者的姓名、拒绝关于来访者情况的调查以及尊重来访者的合理要求等内容。

(3) 不包办代替的原则。这一原则是美国人本主义心理学家罗杰斯提出的,他认为心理咨询应以咨访双方的真诚关系为基础,这种关系不是一种灌输的关系,而是一种启发或促进内部成长的关系。因为人有理解自己、不断趋向成熟、产生积极的建设性变化的巨大潜能,懂得发挥,并促进其成熟或成长,而不是包办代替地进行解释和指导。

不包办代替原则也称助人自助原则,即帮助来访者增强自己帮助自己的能力,授之以“鱼”不如授之以“渔”。心理咨询是一次学习的机会,咨询师帮助来访者厘清思绪,学习理性处理问题,并在这个过程中让来访者的心理素质得到成长。因此,咨询本身就是一个来访者学习并成长的过程,同时也是咨询师“助人自助”的过程。

在心理咨询的过程中,咨询师不应主观地指示来访者一定要怎样做或一定不能怎样做,而应该与来访者共同分析、讨论和设想有助于问题解决的各种方案,以及不同方案可能导致的不同后果。但究竟采取哪一种方案去解决问题,则应由来访者自己进行选择,咨询师不能代替。当然,在来访者能力明显不足和环境恶劣(如经济状况极差、智力缺陷、时间紧张、压力过大)以及咨询师方便的情况下,咨询师可主动或在征得来访者同意时,力所能及地为来访者承担一些责任和义务,待其适应和发展之后逐步减少此类帮助。

(4) 保持中立的原则。保持中立的原则是指无论在价值观念、人际关系以及对来访者的行为好坏的判断上,还是对来访者的生活态度和方式的选择上,我们不偏向任一方,不把自己的价值观念强加给来访者。保持中立的原则有助于我们客观地收集有关来访者及其他事物的信息,为准确地把握来访者的情感和意图打下基础。如果咨询师保持中立的原则,那么在积极倾听的过程中,就不易受到来访者情感、思想的干扰和影响,并能够在咨询过程中理智地分析问题。保持中立的原则,有助于咨询师与来访者关系的正常发展,不会因咨询师与来访者关系的好坏而偏向来访者一方或者偏向另一方面,也不因咨询师的偏见而影响到咨询的进展和效果。当来访者的心理问题涉及人际关系冲突时,保持中立的原则还有助于避免咨询者卷入一场不必要的人际纠纷和争斗之中。

(5) 针对性原则。由于人具有独特性和个别性,来访者的心理问题千差万别,因此,心理咨询的方法就不能千篇一律,必须从来访者具体的心理问题出发,充分考虑其问题形成的环境、来访者的个性(特别是气质、性格特点)、当时的心理状态以及期望和要求等。就事论事,因人而异,具体问题具体分析,选择不同的方式和方法,以收到良好的咨询效果。

(6) 来访者自愿原则。求询的来访者必须出于完全自愿,这是确立咨访关系的先决条件。没有咨询愿望和要求的人,咨询师是不会去主动找他(她)并为其进行心理咨询的,只有自己感到心理不适,为此而烦恼并愿意找咨询师诉说以寻求咨询师的心理援助,才能够获得问题的解决。心理咨询室的大门向任何人都是永远敞开的。

(7) 咨询、治疗和预防相结合的原则。心理咨询和心理治疗虽有区别,但在本质上是相通的。咨询过程本身就有一定的治疗意义,而心理治疗也离不开必要的咨询过程。对待心理疾病也要像对待生理疾病一样以预防为主。在心理咨询过程中,经过咨访双方推心置腹的交谈,敏锐的咨询师可能会发现来访者受到了某些消极的心理暗示,即产生疑病、恐病的心理或对其他人无根据的猜忌,也有人由于消极厌世而产生轻生的意念。对于这些情况,咨询师一定要及时加以开导,帮助来访者解除疑虑和消极意念,鼓起战胜困难的勇气,以积极的态度面对人生。对于一些严重问题(如自杀倾向、对他人有伤害等),应及时采取措施,加以防范。

心理咨询技术方法

建立良好咨询关系的方式

(1) 尊重。在价值、尊严、人格等方面与求助者平等,把来访者作为有思想感情、内心体验、生活追求和独特性与自主性的活生生的人去对待。应当体现为对来访者的现状、价值观、人格和权益的接纳、关注与爱护。

(2) 真诚。即咨询师在咨询过程中对来访者真挚诚恳,不特意取悦对方,不因自我防御而掩饰,不回避自己的失误和短处,直截了当地表达自己的想法。真诚能换取信任和喜爱,还能带给来访者一种安全感,但要注意,不能把真诚理解为简单说实话,咨询师的言行要有助于来访者的成长。

(3) 共情。共情是指体验别人内心世界的能力。它包括以下三个方面的含义:

① 咨询师借助求助者的言行,深入对方的内心去体验他的情感、思维;

② 咨询师借助于知识和经验,把握来访者的体验与他的经历和人格之间的联系,更好地理解问题的实质;

③ 咨询师运用咨询技巧,把自己的共情传达给对方,以影响对方并取得反馈。共情需要理性,而不能代替当事人做感性判断,"共情"也不代表乱用同情心,只是为了帮助他人导入积极、乐观、向上的情绪。

心理咨询参与性技术

(1) 倾听。倾听是心理咨询的第一步,是建立良好咨询关系的基本要求。倾听既可以表达对来访者的尊重,同时也能使对方在宽松和信任的情况下诉说自己的烦恼。倾听时,咨询师要能认真、有兴趣、设身处地去听,并适当表示理解,不要有偏见,不做价值评价。

(2) 开放式询问与封闭式询问。

① 开放式询问通常使用"什么""如何""为什么""能不能……""愿不愿

意……”等词语来发问,让来访者就有关问题、思想、情感给予详细的说明。

② 封闭式询问通常使用“是不是”“对不对”“要不要”“有没有”等词,而回答也是“是”“否”式的简单答案。

(3) 鼓励和重复技术。鼓励,即直接地重复来访者的话,或仅以某些词语如“嗯”“讲下去”“还有吗”等来强化来访者叙述的内容并鼓励其进一步讲下去。

(4) 内容反应。内容反应,也称释义或说明,是指咨询师把来访者的主要言谈、思想加以综合整理,再反馈给来访者。

(5) 情感反应。情感反应与释义很接近,但有所区别。释义着重于对来访者言谈内容的反馈,而情感反应则着重于对来访者情绪的反应。

(6) 具体化。具体性是指咨询师协助来访者清楚、准确地表述他们的观点、所用的概念、所体验到的情感以及所经历的事件。

(7) 总结。总结是指咨询师把来访者的言语和非言语行为包括情感综合整理后,以提纲的方式再对来访者表达出来。

心理咨询影响性技术

(1) 面质。面质称质疑、对质、对峙、对抗、正视现实等,是指咨询师指出来访者身上存在的矛盾。

(2) 解释。解释是指运用某一种理论来描述来访者的思想、情感和行为的原因、实质等。

(3) 指导。指导即咨询师直接地指示来访者做某件事、说某些话或以某种方式行动。指导是影响力最明显的一种技巧。

(4) 情感表达。咨询师告知自己的情绪、情感活动状况,让来访者明白,即为情感表达。

(5) 内容表达。内容表达是指咨询师传递信息、提出建议、提供忠告、给予保证、进行褒贬和反馈等。

(6) 自我开放。自我开放也称自我暴露、自我表露,是指咨询师提出自己的情感、思想、经验与来访者共同分享。

心理咨询的作用

随着现代社会工作和生活节奏越来越快,人们所面临的压力和困境越来越多,而心理咨询,可以帮助人们挖掘心理潜力、提高自我认识、走出心理阴霾。

心理咨询所提供的全新环境可以帮助人们认识自己与社会,处理各种关系,逐渐改变与外界不合的思维、情感和反应方式,并学会与外界相适应的方法,提高工作效率,改善生活品质,以便更好地发挥人的内在潜力,实现自我价值。通常,心理咨询不仅可以消除某些病症,而且也可以促进人格的重建和发展。

心理咨询不是一般的助人行为,它是运用心理学的知识、理论与方法从心理角度为来访者提供帮助的活动。咨询解决的是来访者心理或精神方面存在的问题,而不是帮助他们处理生活中的具体问题。咨询师对此应加以解释,并引导来访者把解决问题的着眼点集中于自己的心理问题,通过咨询,使消极情绪得到调整,以积极的态度自己面对生活中的实际问题。

需要指出的是,不仅有心理障碍的人可以寻求咨询,就是在自身发展中遇到阻力的正常人,同样也可以寻求咨询并从中获益。

心理咨询是一个属于高阶层的职业,不仅体现在收入方面,而且在服务的人群方面也是如此。目前,国际上心理咨询师服务的一种重要形式——EAP服务(员工帮助计划),服务对象就是世界500强企业。现在,世界500强企业中有75%选择为员工提供EAP服务。

另一方面,心理咨询师不仅能够帮助来访者解决问题、排除困扰,还能掌握自我调节的方法,最终实现自我成长、自我发展。心理咨询师是一个可以终生从事的职业,会随着年龄的增长而持续发展。

第二章

《道德经》与心理咨询的内在逻辑

《道德经》成书及影响

老子是我国春秋时期伟大的自然主义哲学家，他的不朽著作《道德经》（又称《老子》）相传为老子西出函谷关时应守关官员尹喜所求而著，内容丰富、博大精深，两千多年来对我国社会影响巨大。

全书八十一章，主要阐述了无极图和太极图及其相互关系，讲述天道和人道的关系，其目的在于使人道取法于天道，由太极返回无极，旨在从人的生理、心理、智能、道德等方面，从根本上解决人的问题。使“人”得“道”，并与“道”合一，回归先天纯粹的本性，使人的自然潜能得到全面的开发和利用，成为一个道德高尚的人，成为一个有益于自然、有益于社会、有益于他人、有益于自身的人，进而促进社会稳定、国邦振兴、天下太平、寿命延长。

《道德经》所倡导的处世哲学和行事方法，历来为众多思想家、政治家、军事家、商业家、经济学家以及社会贤达等所推崇。这当中，远的如《孙子兵法》作者、春秋时期著名的军事思想家孙武，开“文景之治”的汉文帝刘恒和汉景帝刘启父子，辅佐刘备经营蜀汉基业的著名军事思想家、政治家诸葛亮，“开元盛世”的缔造者唐玄宗李隆基，辅佐朱元璋创立明朝基业的军事谋略家刘基，等等。

《道德经》在国际上也发挥着重要的影响，是被翻译成外国文字最多的中国文化名著。哲学家尼采评论：“《道德经》像一个永不枯竭的井泉，满载宝藏,放下汲桶,唾手可得。”当代著名数学家、耗散结构理论创始人、诺贝尔奖获得者普利高津认为,“道家在2000多年前发现的问题,随着历史的发展,愈来愈清楚地展现在人类面前”。德国前总理施罗德更是认为,“每个德国家庭都该买一本《道德经》,以帮助解决人们思想上的困惑”。

老子之“道”

在《道德经》中,老子极力从各个方面来论述他的“道”。老子的“道”是从“道法自然”中来,这正是他论“道”的思想基础。

“道”之生

老子指出:“有物混成,先天地生。”(《道德经》第二十五章,简称“第二十五章”,全书同。)他认为在天地生成之前,宇宙中就有一种“混成物”。意思是说:宇宙初始,茫茫、浩瀚、广阔的太空,就已酝酿着一个充塞太空的硕大朦胧体。此朦胧体古人称为“混元”或“混沌”,形容其混混沌沌不甚清晰。它是孕育宇宙、天地、万物的原始物质,然而在生成天地之前就早已存在了。

老子对这种“混成物”的存在状况作了如下描述:“道之为物,惟恍惟惚。惚兮恍兮,其中有象;恍兮惚兮,其中有物;窈兮冥兮,其中有精;其精甚真,其中有信。”(第二十一章)

这里提到的“道之为物”,实际就是“道”之所以发生的物质基础。恍恍惚惚即指这种“混成物”的若隐若现,对“道之为物”来说,可谓似无还有、若隐若存,“恍惚”之物不明显也不稳定。但在“恍惚”迷离间,能观察到一些时隐时现的现象,从中可以窥视“天道”的奥秘,而不是凭脑子想出来的。

所谓“象”,就是说给人以一种迹象,所谓“混成之物”,是指没有实体的不实之物。所谓“精”,即显现出它的光华。既有光华存在则其更真实可信,故曰“甚真”。“其中有信”是说给人以信息,令人确信它的存在。

“是谓无状之状,无物之象,是谓惚恍。”(第十四章)这样感受到的“道”的本体,是一种没有固定形态的物质、没有形状的物象,这样的物质、物象可谓“恍惚”。“是谓恍惚”是指此无形、无状之物象。

宇宙(指包括众多星辰的整个宇宙内空间)和万物的生成,固基于“先天地生”的“混沌体”,但其衍生演变的功能作用却是“道”。

老子说,“谷神不死,是谓玄牝。玄牝之门,是谓天地根”。(第六章)

“谷神”是指虚空中的灵性,也是造化的功能,不死表明时刻作用而永不停息,这就是“玄牝”,而“玄牝”就是奇妙的阴阳交变,这个交变的演化是一切变化的开端门径。这种变化的开端就是生成天地(万物)的根本所在,也就是“道”发生的起源。

紧接下文:“绵绵若存,用之不勤。”(第六章)这段是论述虚空中的灵性。“绵绵若存”表明微弱不显,似乎存在;“用之不勤”,不是说用之不完,而是作用无穷。

对于“混成物”的来源,连高深莫测的老子也不知道,他也不禁感叹地说:“吾不知谁之子,象帝之先。”(第四章)意思是说:我不知道它究竟由谁所生,更不知道它从何而来,也不知道它去向何方。这个“混沌体”是滋养生成天地万物的根蒂,就像果子出自于花蒂一样,花蒂先于果子而存在。

老子给“可以为天下母”的“混成物”,取名曰“道”,而不把万物之宗的“谷神”命名为“道”,又是什么道理呢?其观点是“道”在于“先天地而有万物”,“混成物”是“道”的本源,而“谷神”则是“道”的“玄牝”作用功能。当然只能把“混成物”看作是“道”的本源,而不能简单地理解为此“混成物”就是“道”。若是如此,则“道”就成了一种静止的、没有生机的死寂之物了。

老子之所以给“道”命名,“吾不知其名,强字之曰道,强为之名曰大。”(第二十五章)这不是一句谦虚的话,而是一句非常实际的老实话,也的确是一件为难的事。

因为“道”不是单纯的“混成物”的概念,而是体现于各个规律的总体概括。没有物质基础就不可能产生“道”,因此,“道”的起源就发生在这个“混成物”上,故名“可以为天下母”的“母”为“道”。既有母体的物质基础,更有“独立而不改,周行而不殆”(第二十五章)的天然特性,这就总括了物质基础和“玄牝”作用的双重意义了。尽管这样,却也还有不得已而勉强的为难之处。

“道”之有、无

“天下万物生于有,有生于无。”(第四十章),这是《道德经》中的又一重大哲理。

首先要弄清楚的是:什么是“有”?什么是“无”?

此处的“无”并不是说空洞无物,而是指“先天地生”的“混成物”。天地初始之时,宇宙中还一无所有,呈现混沌的状态,静而不动,也无变化,也没有生机,故给天地之始命名为“无”。

万物之母是已有了生成万物的母体和衍生机制,在运动中发生变化而具有生机,这就有了生成万物的条件,故给万物之母命名为“有”。

“有”是从“无”中演变出来的,故老子说,“此两者同出而异名。同谓之玄”(第一章)。两者同时出现而有不同的称谓,它们都很神秘。那神秘又深远的极处,便是产生天地万物之所在。

“道”的生化规律,是老子的又一重要论述,即“道生一,一生二,二生三,三生万物”(第四十二章)。规律使某种事物得以产生,这种事物又产生第二种事物,第二种事物再产生第三种事物……这样才演化出万物。

这是指“道”创生万物的过程。宇宙万物的总根源是“混而为一”的“道”,对于千姿百态的万物而言,“道”是独一无二的。

为什么说“道生一”?道的概念在前,道的存在在前,道中产生了万物与万象。物象多种多样,但多种多样的物象却具有统一性、完整性、整合性、相同的道性,因此,有“道生一”。

“一生二”,就是从整体中产生相反相成的事物或概念,即有无、阴阳、乾坤、天地等。这两方面相交、相和、相激荡、相补充,便产生了第三个方面。于是,万物万象源源不绝,生而不绝,灭而不绝,一而多,多而一,万象归一,九九归一,大道永远。

老子所说的一、二、三,并不是指具体的事物和具体数量,它们只是表示“道”生万物从少到多、从简单到复杂的一个过程。

从宇宙形成的过程中,老子阐发了独到的见解。《道德经》绝不是一些人所说的玄虚之学,而是高深的、哲理性很强的科学论述,是符合科学至理的真知灼见之作。

“道”之用

“道”是事物发展的自然规律的概括，而体现于天道无为之“德”。“道”的应用则是对天道无为之“德”的体会，引用到一切事物中去的法则。

老子先论述“道”的各个方面，然后转述于“德”，并从天道无为之“德”的领会中，提出符合天道法则的应用指南。

老子对“道”的应用可归纳为以下三个方面：

1. 道常无为

“人法地，地法天，天法道，道法自然。”（第二十五章）“法”即遵循其法则之意。人要效法地的规律而发展，地要效法天的规律而运行，天要效法普遍规律而存在，普遍规律要效法自然规律而恒久。

这是一种自然法则，是大自然的统一法则，也就是说，人、天、地、道都必然遵循大自然的统一法则，这就是“道”的必然规律。

“道常无为而无不为。侯王若能守，万物将自化。”（第三十七章）“道”永远是无为的，然而却又成就了所有的事物。统治者如果能遵循它，万物将自我发育进展。

统治者能以“无为”的原则，信守自己的诺言，首先做到“无为”，以自己的无私行为，作为万民的榜样，万民将自然而然地效法并受到感化。以自己的无私行为去带动万民、激发万民做出无私的奉献，这样，国家就会安静而定。

“化而欲作，吾将镇之以无名之朴。”（第三十七章）民固然可以感化，然而也有不受感化者，或者开始已经被感化，而后又再度作乱者也并非没有，但是可以谴责他的行为，给以“无名之朴”的教育。

“无名之朴，夫亦将不欲。”（第三十七章）通过这种“无名之朴”的教育以后，这样就不会再有过多的私心杂念了。

“不欲以静，天下将自定。”（第三十七章）万民都已经真诚地归化，没有过多的欲念，天下也就归于平静，长此下去，天下不正也就自正了。

“是以圣人处无为之事，行不言之教。”（第二章）因此，圣人总是本着“道常无为”的原则，以无私的行为处事。以身作则，行不言之教，则民众自然得到教育和感化。所谓“无为”，也就是无私的行为，无私心而为公之意。

“不言之教，无为之益，天下希及之。”(第四十三章)行不言之教，如“道”之无为，不言不语悄然进行，这就是“无为”的体现。无为的有益之处很多，可惜的是天下很少有人做到这一点，也少有人效法这一点。

“无为之治”是治国的方略，“不言之教”是爱民的法则，所以统称为“爱民治国”。“爱民治国，能无为乎?”(第十章)统治者能够以“无为”的原则，去“爱民治国”么?

“衣养万物而不为主，常无欲，可名于小。”(第三十四章)它不求名利，无私无欲，可称它为“小”，万物归附于它而它自不以为主。

“万物归焉而不为主，可名为大。”(第三十四章)万民都自然而然来归顺他，而不自以为是万民之主，结果反而被万民尊敬和拥护爱戴，其结果成就了更大的事业。

“功成而弗居。夫唯弗居，是以不去。”(第二章)功成而不自居有功，因为不自居功，反而功绩永存，不会被人忘记。

“功成名遂身退，天之道。”(第九章)功成之后就退身事外，这样才符合“天道”的“无为”精神。

“以其终不自为大，故能成其大。”(第三十四章)圣人之所以最终能够成就大业，就因为他始终不自以为大，而是以无私的奉献，尽自己应尽的责任和能力，结果反而能够成就一番大业。

“天地不仁，以万物为刍狗;圣人不仁，以百姓为刍狗。”(第五章)这一章论述了天地之于万物、圣人之于百姓之间的德性关系。天地本是无思想、无感情的，天地并不是以什么仁慈才视万物为幼小生灵而哺育之。圣人是以天地为榜样，辅百姓而崇尚自然无为。

“生而不有”，天地辅万物以生，不据为己有;“为而不恃”，实秉乎自然的本性，辅助万物随自然而生息繁荣，故无所推辞。这样的德行乃“道”的本性，是哺育万物的大德，因此，老子说“是谓玄德”，即最深厚的德。

圣人于百姓犹天地之于万物，不因得百姓“亲之、誉之”而自以为施仁于百姓，不因百姓“畏之、侮之”而不施仁于百姓，功成不居，事遂而身退，因此，百姓亦不感知圣人之仁，百姓皆谓我自然。圣人禀“天道”而行，故圣人亦“无为”。

2. 柔弱处下

老子认为“天下莫柔弱于水，而攻坚强者，莫之能胜。以其无以易之。弱之胜强，柔之胜刚，天下莫不知，莫能行”（第七十八章）；“天下之至柔，驰骋天下之至坚。无有入无间”（第四十三章）。老子主张以柔弱胜刚强，这是老子的一个重要的主导思想。柔弱并非软弱，而是遵循“寒胜躁，静胜热”的原理，要以柔弱去战胜刚强。

水是天下最柔弱的东西，反而能够攻克天下最坚强的东西。这种柔弱的东西，没有不能侵入的空隙，也就是只有像水一样柔弱的东西，才可能无孔不入、无坚不摧。

处柔弱不是忍辱受屈、自甘懦弱，而是一种制胜的最佳策略，能够收到最大的胜利效果，获得全面的胜利才是目的。

要实现这一点，必须以下处之，“譬道之在天下，犹川谷之于江海。”（第三十二章），“江海所以能为百谷王者，以其善下之”（第六十六章）。“王”者，百川的最终汇集之处，处其下则百川将自归。

同理，人总以谦虚自居，则能得到别人的信任，从而能得到大多数人的拥戴，使一己之力变为众志成城的一股巨大力量，则攻无不克，这就是以柔克刚的道理。有人说懦弱委屈，谓之守柔，而忍让不抗，谓之处下，作这样的解释，无疑是误解老子的本意了。

3. 易知难行

老子论“道”不单只论哲理，其论道的目的在于应用，谓老子之道为玄虚的人，实际上没有读懂《道德经》这本旷世哲学经典，未能彻底理解“道”的真谛和老子的主旨。

老子对他的学说这样评论：“吾言甚易知，甚易行。天下莫能知，莫能行。言有宗，事有君。夫唯无知，是以不我知。知我者希，则我者贵，是以圣人被褐怀玉。”（第七十章）

意思是说：我的话是有来源、有根据的，并且也是很有哲理的。可惜普天下的人多不理解，也都不肯去实行。理解我的人太少了，能效法我的人更为难得。因此,圣人常常是怀着超常的才智,却不刻意去展示。

“道”之隐

道隐无名。老子对“道”的形容是:“视之不见名曰夷,听之不闻名曰希,搏之不得名曰微。”(第十四章)意思是说:“道”的隐晦而不明显,以它的微细而不容易察觉,也就是不容易被一般人所察觉。因为这种声音四散而稀薄,所以听到了就好像没有听见一样,其声音不知道来自何方、消失于何处。因为它的无形,所以抚摸也没有什么感觉。

老子又接着说:“此三者”,即夷、希、微三者而言,“不可致诘”,不必刨根问底过多追问。不过是视之不见、听之不闻、搏之不得,都是虚而不实、无形、无状的物象而已,故“混而为一”。“一”即为“道”,即混而为隐晦不明之“道”。

于是有:“其上不皦,其下不昧,绳绳兮不可名,复归于无物。是谓无状之状,无物之象,是谓惚恍。迎之不见其首,随之不见其后。”(第十四章)其上至于天,其下落于地。“道”的表象不皎明,内象也不晦暗。其明可上至九天,而不失其明;其暗可下落深渊,而不憎其暗。它无形无影难以捕捉,最终回复到无的状态。

“无”,有人认为当作“无物”,殊不知“无”乃天地生成之前,太空处于无动向、无生机的混沌状态,并非无物,因而是“复归于无”。

“道”出于自然,无所谓起始,更不会有终结。溯前而迎之,不见其起点,故曰“迎之不见其首”;追随其后也不见其去处,故曰“随之不见其后”。

“道”是语言文字很难形容的,但不是不能形容,也不是不能解说的。因此,老子论“道”是通过多方面比喻来论述的,使我们对“道”有了较明确的概念,对“道”也有了最基本的认识。当然,还需去深入理解和加以认识,这样才能真正读懂老子的思想。

通读《道德经》全书,可以总结出“道”有“虚无”“自然”“纯粹”“素朴”“恬淡”“平易”“清静”“无为”“柔弱”“不争”十大特征。这些体性、特征从人身上体现出来,就是“上德”。“上德”是“道”的人格化、伦理化,“道”体现在人的身上便称为“德”。

老子主张“复归于无极”,万物“复归其根”,人“复归于婴儿”,社会“复归于朴”，一切复归于本。“见素抱朴，少私寡欲”“绝圣弃智”“绝学无忧”以及“致虚极，守静笃”“抱一为天下式”等，都是主张崇本息末，以“道”为本。这样，必能由一统万，以寡治众，“为无为而无不为”，“为无为而无不治”，永远立于主动、不败之地。

《道德经》中所说的“圣人”，是“道”的人格化，是具有“道”的体性、特征、气质、品格的人，是真正的“得道者”。

老子倡导的“知其雄，守其雌”“知其白，守其黑”“知其荣，守其辱”，都是指从负面走向正面，达到伸展的目的。“去甚、去奢、去泰”“守柔”“处下”，也是同理，目的在于“得道”。如果守雄、守白、守荣、守刚、居上、图荣华、享富贵、争名逐利、恣情纵欲、胡作妄为，就是失道失德。失道失德，不但百事无成，而且自身会遭到凶祸与毁坠。

《道德经》五千文，最终归到人，旨在从人的生理、心理、智能、道德等方面，从根本上解决人的问题。

老子发现了“道”，也发现了“人”。“人”是“道”的代表。“人”得了“道”并与“道”合一，才能实现身心的和谐统一。

《道德经》与心理咨询的内在联系

本书作者认为，老子思想与心理健康有天然的、紧密的联系，《道德经》本身就是一部心理缓释的著作。例如，许多人的心理问题来源于不能接受挫折、失败与痛苦，但从老子的角度看，世界由无到有，“道生一，一生二，二生三，三生万物”。也即无极生太极，太极生万物，构成五彩缤纷的世界。太极是由阴阳构成，阴中有阳，阳中有阴，阳极生阴，阴极生阳，物极必反，福祸相依，阴阳对立而统一。如果把顺境看作阳，逆境看作阴，那么，人生的挫折与痛苦本就是人生的有机组成部分，有阴有阳方为太极，仅有阳而无阴则不能称为圆满的人生。因此，我们应直面挫折与困境，看着它、迎接它、接受它，因为这些挫折与困境就是人生本身。明白此理，许多绝对化的心理问题便可迎刃而解。

人的心理系统是平衡的,就像太极图的黑白两部分分别代表阴阳,二者互补互动,相辅相成。心理及行为的改变,可以由黑的部分着手,去修改问题的结构;也可以由白的部分扩展,探讨问题不出现时的状态。传统的心理治疗方法是从问题的原因入手,努力减少“黑”;从《道德经》角度,也可以尝试从解决入手,努力增加“白”,“白”之增多,“黑”即减少,着重于探讨来访者身上问题不发生时的状况,而不像传统的咨询那样把重点放在问题的修正上。

《道德经》的主旨是“尊道而贵德”,从宇宙万物的生成及其存在的道理出发,论证了和谐、统一、协调的意义,它可以作为心理咨询师的职业操守及其在心理咨询中引导来访者的原则,使来访者恢复和谐、平衡的心态。老子的出发点是追求真、善、美,认为本真的人行事不能光凭主观意志,而应在遵循客观规律的前提下巧妙地发挥主观能动性,这对心理咨询也有重要的启示。

《道德经》的最高范畴是“道”,“道”通天地古今,而“道”的内涵是“和”,“道”为“和”之体,“和”为“道”之用,“道”乃和谐之道。这个和谐之道对于构建和谐世界具有重要的作用、价值和意义。和谐世界的构建,首先要道通人心,只有人心清静,自我身心和谐,才有人与人的和谐、人与社会的和谐、人与自然的和谐,从而世界才能和谐。

《道德经》强调要“虚其心”、“民心不乱”(第三章)、“心善渊”(第八章)、“愚人之心”(第二十章)、“浑其心”(第四十九章),即强调从圣人到百姓,其心都要符合虚而无为、负阴抱阳的和谐之道。《道德经》把虚静自然、无欲无争、贵柔贵和、自然无为的心态作为人心的最高境界,这是心理咨询的心理基础。老子以道治心、和谐清静的理念和方法,使人们能够克服不良心理的束缚,达到心与道合一的自然境界,从而实现心理的平衡,使心理问题得以解决。

心理咨询师对于那些因无力实现自己的愿望而苦恼的来访者常会宣传“知足常乐”的观点,这一类的苦恼又常用“心理不平衡”来描述。老子认为大自然具有自我平衡的能力,人既然是大自然的一部分,当然也具有此能力,适当的点拨能促进这种成熟,心理咨询师的作用就是“点拨”而不是“强加于人”。但点拨也有技巧,不是人人都能够一点即通的。因此,心理咨询师也应从《道德经》中汲取一定的人生哲学知识和修养。

第三章

《道德经》蕴含的心理咨询之“道”

我们用一个故事作为本章节的开始。

故事发生在中国古代的农村，当地的居民遇到了严重的干旱，于是派人到远处请来“求雨者”。“求雨者”到来之后，发现整个村子混乱不堪，牲畜濒临渴死，农作物枯萎。村子里的人也受到这种气氛的影响，个个浮躁不安。

村民们围着他，急切地要看他如何求雨。他说：“请在村头给我一间茅屋，还有三天的时间，任何人都不要打搅我。”就这样，“求雨者”进了他的小屋，而村民们等待着。

等到第四天早晨，天果然开始下雨，“求雨者”从那间茅屋走了出来。

村民们不约而同地问他：“你是如何办到的呢？”

“哦，这很简单。”他说，“我什么也没有做。”

村民们说：“你看啊！天已经下雨了。这怎么可能呢？！”

于是，“求雨者”解释道：“我本来已习惯于风调雨顺、自然和谐的生活。当我来到你们的村子，却感到混乱与不安，这里的生活节奏已经失调，远离了自然之道。而我也受其影响，心神不定，失去了本来的和谐。这样的我又能做什么呢？于是，我要有一个安静的处所来调整身心，重新恢复与道的联系。而当我恢复了自然与和谐的时候，有了这种转变和调整，有了合乎自然的心境与状态，我们失去的雨也就回来了。”

在这则故事中，求雨者达成了自我与天道自然的和谐，得以发挥其所拥有的潜能。故事包含了一种中国文化的境界：为无为，自然而然，让事物自然而然地发生。自我与天道相合以及身心相合，这其中就包含着心理咨询之道。在身心合一的基础上,进一步还要与他人、与社会相合,进而与天地万物相合,三个系统的完整合一才是合于天道自然。

我国目前的心理咨询理论与技术,大多来源于西方,带有强烈的西方文化色彩。由于东西方文化之间的差异,中国人与西方人在心理行为表现方式上有着明显的不同,由此在西方文化背景中行之有效的心理咨询理论与方法,往往在我国的实践中遇到种种困难。

中华民族作为一个有着几千年文明历史的古老民族,其心理特质是几千年中国文化结晶的反映。当代中国人的心理与行为无不带有深深的民族烙印,要真正反映中国人的心理特点,进而建构中国心理咨询的理论框架,必须根植于中国传统文化。

《道德经》是我国春秋时期杰出的思想家老子的代表作,是中华民族的经典著作之一。其言简意赅、博大精深,是中国文化的重要组成部分,也为促进心理咨询本土化提供了一条重要途径。

道可道,非常道:咨询之道客观存在

效法天道,合乎自然

《道德经》开篇指出:"道可道,非常道。名可名,非常名。无名,天地之始;有名,万物之母。"(第一章)老子认为道为"天地之始""万物之母",是世界总根源,已经把道提升到了很高的层次。接着又指出,"道冲而用之,或不盈。渊兮似万物之宗。……湛兮似或存。吾不知谁之子,象帝之先。"(第四章)把道视为一切存在的始源,是万物的祖先,空虚无形,其作用却又无穷无尽。"道生一,一生二,二生三,三生万物。"(第四十二章)意即道是产生原始的统一体,统一体分裂而产生阴阳二气,阴阳二气又产生相互交合的形态,这一形态变化便产生万物。显然,这里的道作为最初的发动者,具有无限的创生能力和潜在力。

《道德经》是这样来形容道的情态的:“道之为物,惟恍惟惚。惚兮恍兮,其中有象;恍兮惚兮,其中有物;窈兮冥兮,其中有精;其精甚真,其中有信。”(第二十一章)即道作为一种存在物,变化莫测,若有若无,恍恍惚惚的。它是“视之不见”“听之不闻”“搏之不得”的。“道”在《道德经》中占有基础和核心的地位。总之,“道”是世界总根源,人们应该遵循道。

“自然”也是老子在《道德经》中一再体现的基本精神。他认为道具有自然性,提倡人们从自然的角度来尊道。从全书看,老子多次提到“道”“自然”“婴儿”。比如,“人法地,地法天,天法道,道法自然。”(第二十五章)意思是说,人效法地,地效法天,天效法道,道效法自然。道以自然为归,其本性就是自然。也就是说,人最终效法的是自然。上面提到“道生一,一生二,二生三,三生万物”,而人乃万物之一,故他把人也纳入了道的范畴,这蕴含了中国传统的“天人合一”思想。自然界原初是简单素朴、未加雕饰的,没有任何人为的因素掺杂其中,如同刚出生的婴儿一样,淳朴无邪,无私无欲。

人既然效法“自然”和“道”,那么人性也应该效法天道,合乎自然,如同自然界的原初形态一样,简单朴素,无私无欲。现代社会,很多人追名逐利,忙忙碌碌,弄得身心疲惫,在这种情况下,人们更应该以顺其自然、不强求的态度来面对一切。

不难理解,人们为什么喜欢回归大自然,在天然的自然中陶冶情操,因为当人们投身于自然,与自然融为一体时,没有了外在的压力和约束,内心会感到无比的宁静和自由,更容易展现真实的自我,这有助于调节现代人的心态和行为,舒解现实中遇到的压力和挫折,从而达到身心和谐的境界。

同时,自然界生机勃勃,富有旺盛的活力和生命力,它无所不包、无所不容。在现实中,很多人对生命感到困惑,悲观厌世。人如果效法自然的这种精神,培养一种朝气蓬勃、热爱生活、乐观、宽容的心境,那么生活的空间会更加宽阔,心情会豁然开朗,这对拥有快乐的心境、保持广阔的胸襟有重大的借鉴意义。

“道”作为一切存在的根源和始源。老子提倡尊道,“道生之,德畜之,物形之,势成之。是以万物莫不尊道而贵德。”(第五十一章)意思是“道”生育万物,“德”畜养万物,物种赋予万物形态,环境态势使万物长成。因此,万物莫不尊崇道而重视德。“道之尊,德之贵,夫莫之命而常自然。”(第五十一章)道受尊崇,德受重视,是由于经常顺应自然所致。可见,“尊道”实质上就是“常自然”。遵循自然规律,能动地顺应环境,本身就是心理健康的特征之一。

现实生活中,很多人适应环境的能力很差,时常因为与周围环境不协调而产生焦虑与紧张。现代社会的优胜劣汰机制,使很多人为了生存不断变换环境,如果能动地适应环境,就可以避免因为环境的改变而导致的情绪不稳定,有利于人们的心理健康。

人们“尊道”,意味着要顺应社会的发展规律,顺其自然,不违背规律,否则,“不知常,妄作凶”(第十六章),即不了解自然法则,轻举妄动,就会遭殃。符合自然法则才能长久,以至于老死都没有危险,即“道乃久,没身不殆”(第十六章)。“尊道”“常自然”本身就包含了心理和身体健康的思想,可以使人的心灵宁静、身心和谐,不仅可以养心,也可以养生,达到延年益寿的目的,不至于因为违背规律而导致心理失去平衡。

人本思想合乎于道

《道德经》也有不少尊重人的思想。老子注重人的尊严和价值,有人本主义的影子。如“故道大,天大,地大,人亦大。域中有四大,而人居其一焉”(第二十五章)。显然,老子把人的地位提升到了道的层次,将人与地、天、道相提并论。

人本主义心理学家马斯洛以其著名的需求层次理论闻名于世,他认为,人类有五种基本需求,即生理需求、安全需求、社交需求、尊重需求和自我实现的需求。需求是分层次的。其中,生理需求和安全需求属低级需求,尊重需求和自我实现需求属于高级需求。

在激烈竞争的现代社会,很多人已经成为金钱和机器的附庸,麻木空虚,在此情况下,人们更需要自己的价值被认可和尊重。在《道德经》中,由于人生的价值和生命尊严被深切地关怀,人们可以最大限度地发挥自己的主观能动性和潜在的智力,不断追求生命的充实和完满,这对那些觉得“人生没有意义”、迷失自我的现代人有重要的启迪意义,有利于维护灵性的健康,最终实现自我,这样也可以避免因为不被尊重而导致的人格不平衡。

咨询之道存在于咨询师内心

“知人者智，自知者明。胜人者有力，自胜者强。知足者富，强行者有志。不失其所者久，死而不亡者寿。”（第三十三章）认识别人是智，认识自己是明；战胜别人是有力，战胜自己是强；知道满足是富，身死而不被遗忘是真正的长寿。咨询师的个人素质是咨询成功的重要条件。

遵从《道德经》的观点，“柔”“无为”和开悟心是心理咨询的根基。如果咨询师紧紧依靠这些原则，时时不离这些原则，那么，在咨询过程中，就会自然演化出各种技巧来。

如果咨询师从个人角度和职业角度都不是以这些原则为基础，他们用的各种技巧简直就起不了什么作用。实际上，咨询师本人就是他最好的治疗工具。

“上士闻道，勤而行之。”（第四十一章）层次高的人听到了“道”，赶快就去实施。或者说，他用不着考虑怎样行动，行动自然就从他的心中涌出。

咨询师能在来访者自身的世界范围内接受他们的原因之一，就是他本人也拥有这个世界并被这个世界所滋养。或者说，他本人也在这个该怎样就怎样的世界里活得很滋润，这个世界也在滋润着他本人。他是富有的。他认识到他已充分享有一切，并且，他能把自己的认识落实到自己的行动上。他生活于这种种坚定的信念中，而这种坚定的信念又给予了他工作的整合性。

“是以圣人不行而知，不见而明。”（第四十七章）因此，圣人不必经历就知道，不必亲见就明了。“满足于自己所有”的意思是说，咨询师本人能认识到自身的各种限度并能就此做到心平气和，他能安然伫立在他的限度的中心。强求自己让别人愉快幸福，尽力去迎合别人的期望，这都是对咨询效果和咨询师本人的某种威胁。

然而，一个满足于自己所有的咨询师，已不会受这种威胁的控制。想控制别人的需要，想让自己受人喜欢的需要，或者，想证实自己感受的有效性而去证实来访者感受的有效性的需要，一个满足于自己所有的咨询师，也已摆脱了这些需要对自己的控制。

尽管他有很多事情不懂、不会，但他仍能成为一个有智慧、有真正力量的人。因此,来访者感觉得出来他是这样的人,并进而能全身心地信赖他。来访者不必在他面前有所防范,用不着去照顾他。他能忍让,为来访者的成长腾出空间。

“道”是自然的本体,所谓本体,是指不可以改变的本性,也是真实的自己。因此,“道”是内心的一种状态,而不是大家通常误解的那样,认为“道”是某种特异功能或者认为“道”是某种特定的知识和学问。

因为大家不懂“道”,所以现实生活中总有一些人利用“道”来愚弄百姓,他们往往自诩只有他们才是“道”的化身,只有他们才能得到上天的眷顾,然后让大家对他们顶礼膜拜。其实,“道”存在于每个人的内心,大家经常听说的“公道自在人心”就是这个道理。一旦人把内心的杂质去掉,“道”的真实本体就自然显现出来。所有人都是平等的,没有哪个人具有获得“道”的特别优势。

当然,我们也需要明白,如果一个人不去修心,“道”虽然在内心,但是他可能永远不能体会到“道”的存在。

需要表明的是,在此所表述的一切,与咨询师试图达到虚幻的完美标准毫无关系。咨询师值得信任,并非因为他比来访者高明,而恰恰因为他能恬然于自己的懵懂和向往,而由此又使他全身心接受来访者。因为他认识到,生活对他慷慨大度,恩惠无穷;他就是他自己;他对生活无怨无悔,而只满怀敬意和谢忱,所以他能柔和地对待来访者,甚至来访者对自己都做不到那样柔和。由来访者成长过程中带给他的指导意义,也使得他能让自己不断成长,获得更多关于宁静和信任的知识。这正是“知足不辱,知止不殆,可以长久”(第四十四章)所描述的境界,满足于你所有,欣喜于事物本身,知道你一无所缺,你就拥有了整个世界。

名可名,非常名:咨询之道不可名说

心理咨询有没有规律?规律能不能总结出来?

老子告诉我们,“名可名,非常名”(第一章)。可以叫得出的名,就不是恒久不变的名。延伸到心理咨询领域,能够总结出来的规律和已经形成的咨询理论，都是在一定的社会环境与历史阶段形成的，随着经济社会的发展，尽管人性不变，但每一种理论并不能用之四海而皆准。

咨询迷雾

对心理问题根源的探究实际上跟警察破案差不多，通过蛛丝马迹的线索一点点挖掘事情的真相。从某种程度上讲，心理学太深奥了，因为它超越了人类已知的科学框架体系本身。生物学中的隔代遗传正类似于心理咨询中的代际创伤，而显性基因和隐性基因不正是精神分析中的意识和潜意识吗？如果发现心理问题是由祖辈的某一刺激性事件造成，咨询师会让求助者想象祖先在眼前，并和他们说出理解与祝福的话，这与中国农村中的跳大神和上坟烧纸哭诉又有相似之处。人死后要举行仪式正式送走，即出殡也确实有积极的意义，超越于祭奠本身，是对生者心理和生活的保护。易经六爻的信息和基因的遗传编码又可以类比。可以看出，学科或文化之间都是相通的，世上的一切，存在就是合理的，这也就解释了为什么无神论者认为人死如灯灭却也要上坟烧纸。要怀着敬畏之心对待我们所处的这个世界，人类不懂的东西还实在是太多太多了。

对心理咨询而言，现实的问题用现实的方法解决，幼年问题用精神分析等方法解决，代际问题用系统排列等方法解决，而前世来生等轮回的问题要用深度催眠、沉思冥想解决。关键是要找出心理问题的根源在哪，才能采取相应的解决办法。这与警察破案何其相似。这也解释了为什么有的病医生没治好，但跳大神等民间方法却有效的原因。因为这些病根本不是现实因素引发的身体疾病，心理问题也是如此！

心理咨询一定要建立一个心理问题的整体框架，这与中医看病是类似的，千万不要头痛医头、脚痛医脚。庸医害人，不合格的心理咨询师更害人，也害己！

需要注意的是，正如医院的病人绝大多数是由现实问题引起的疾病，大多数的心理问题也是由现实问题引起的，可以采用基于现实生活的方法，如认知行为疗法、森田疗法、求助者中心疗法、脱敏疗法、情绪疗法等，使用以上方法，80%的心理问题都可以解决了。但一些掌握了某种特别咨询技能的所谓专家,对来访者一律侧重用他们熟悉的某些方式,让短程变长程,甚至问题加重。究其原因,一方面是路径依赖,因为他们熟悉和掌握了这一方法;另一方面是通过深度分析留住来访者,好赚取更多的钱,这就涉及职业道德问题了,正如庸医或缺德的医生把小病治成大病是一个道理。

在我初涉心理咨询不久,遇到一个来咨询同学关系的大学生。当时我正对精神分析流派着迷,不仅分析自己的梦,也非常想分析来访者的梦。于是,我请来访者记下他的梦,我们在咨询时进行分析。梦确实提供了对当下状况深层次的解读。但在案例研讨会上,同行们就毫不客气地炮轰我:"你和来访者确定的咨询目标是解决他当下的人际关系,为什么会用到梦的分析呢?梦的分析是为了来访者的利益,还是为了满足咨询师对精神分析流派的偏爱?"我被这一炮轰醒:可能我的个人偏爱占了上风。为当事人的利益着想,这不是一句空话。

心理咨询有没有必要回溯到来访者的童年?

按照认知行为疗法的理论,以一个在单位中与领导处理不好关系而导致心理苦闷的来访者为例,如果最终确定的目标是学习如何与领导沟通,那就没有必要回溯至来访者的童年。按照认知行为疗法的观点,如果咨询目标是行为改变,应该关注当下行为,运用学习理论,让来访者通过模仿、角色扮演、空椅子技术、实践练习等方式,逐渐学习有效的沟通行为。

假定在这个咨询中,最终确定的目标是解决来访者深层次的情绪困扰问题,可以回溯至成长史,以了解行为模式背后的动机。

"譬道之在天下,犹川谷之于江海。"(第三十二章)道为天下所归,犹如江海为一切河流所归一。老子提供的千川奔流入大海的意象有助于解除人们的焦虑。我们不必担心:小河流向南,还是流向北;笔直地流过去,还是绕千百个弯。最终,这条小河还是会在大海中找到自己的家。心理治疗过程也应有很多机会、很多宽容,可以让很多方法一展身手。万物源于"道",其以造化的形式与万物相关。

有人声称,通过看我们与他人的关系,我们就能开始理解我们自己;另有人指着我们的身体结构和身体运动说,只有通过观察它们,我们才能理解我们自己;还有人则主张,检查我们的眼睛、脚、饮食或其他什么,我们才能理解我们自己。对此，我们非得承认只有某个观点是正确的吗？当然不是。那是一种非此即彼的想法。

持有上面列举的某种态度本不足为奇，但如果这种态度认为只有一个正确答案，其他大多数答案都是错误的，这就难免以偏概全了。实际上，如果每个人都是对人类经验谨慎的观察家，那么，就有足够的空间使得每个人的说法都有其合理的成分。

咨询无定式

为了启发来访者的“开悟心”，让它引导来访者踏上回家的道路，咨询师在咨询开始的时刻，是否就必须发现能触及来访者核心信念的最好方法呢？

不，没有什么最好的方法。“名可名，非常名。”条条大道通罗马，万河奔流向大海。从理论上说，咨询师可以从来访者生活之中任一心理方面开始对他们的咨询工作。对那些心理方面的工作，将引导来访者返身观照它是由什么组成的：某种感觉或感受，某种习惯性的姿势，某种面部表情，某种站立方式，来访者所穿衣服的类型，他们与人打招呼的态度，等等。正如格式塔疗法的创始人弗雷德里克·皮尔斯曾经表明过的那样，该出现的自会出现。

“大道氾兮，其可左右。万物恃之以生而不辞，功成而不有，衣养万物而不为主，……以其终不自为大，故能成其大。”（第三十四章）大道广泛流行，无所不到。万物依赖它生长，而它不推辞任何事物。有所成就而不自以为有功，养育万物而不自以为主。因为它不自以为伟大，所以才能成就它的伟大。

咨询师能为来访者做的最有效的事，就是提供一个环境，一个有滋养作用的“子宫”，让来访者的生命能在其中得以展开。通过这个具体的环境，更为重要的是通过他以自己的存在所提供的生理和心理环境，给他创造出一个安全的地方、一个充满信任感的地方。在这个地方，通过对来访者的智慧和造化的坚定信念，所有的生命都相互友好。

“执大象，天下往。往而不害，安平太。”（第三十五章）紧紧掌握“道”，天下都向他投靠。天下都来投靠，也不会互相妨害，人们享受着平和、宁静、安泰。环境好了,咨询效果和内在的探索就会自然产生。整体的"道"运动着,克服了分离,把部分合成整体。来访者的成长过程只需最低限度的指导。

人们经常发现,咨询师中的高手其实做得很少。他只是帮助来访者认识到,他们是怎样给自己施加了压力,他们的成长和改变怎样与自己所做的一切发生着联系。他为内在智慧提供了完美的自由,引导来访者向该去的地方前进,即使这意味着要离他而去也是如此。

咨询无形

"功成事遂,百姓皆谓我自然。"(第十七章)清净无为,很少发号施威,但世事治理得井然有序,而百姓都认为"一切就应该是这个样子"。高水平的咨询师深知,"道"的力量虽然存在于他的咨询环境中,通过无为对来访者为所当为,但来访者却不一定明白这一点。这也就是来访者去找他咨询的原因。

来访者在相当程度上,徒有双目和双耳,视而不见,听而不闻。潜意识中的恐惧和他们面临这些恐惧时希望自己周围存在着宽厚和仁慈的需要,控制了他们。因此,咨询师要耐心地对待来访者,他要先就安全方面进行工作。他知道,安全的含义是经过来访者的知觉——不论是理性的,还是其他什么方式——而定义的。

在治疗的初始阶段,相比于治疗中的改变阶段,咨询师似乎做得较多,反应较多;到了治疗中的改变阶段,他就更易采用无为的原则并信任无为的作用。因为他是那样自如地提供这种环境,当人们对他表示感激之情时,他常常感到惊奇。当然,在某种程度上,这种感激是合情合理的。来访者找到了咨询师,他通过表面上的"不太帮助"而帮助了来访者;他置身事外却促进了来访者;在来访者的成长中有他,但彼此的需要又没有混淆;当来访者有所改变时,他充当了助产士,却把那份功劳归于母亲和新生儿。

另外,咨询师帮助来访者的方法是让"道"本身起最大的作用,不去有意强迫任何事情发生。在满意的结果显现后,他从不贪功。他对此也心怀感激,正如看到一个新生儿呱呱坠地,这本身就是一件奇妙无比的事。"是以圣人终不为大,故能成其大。"(第六十三章)因此,圣人从不自以为伟大,也正是这一点反而成就了他的伟大。

心理咨询的"道"在哪?

"无名,天地之始;有名,万物之母"(第一章),"无"是天地根源,"有"开始孕育万物。心理问题的产生也是一个由"无"到"有"的过程,但实际上,它们一直在那里,只是人们还没有意识到,还没有被发掘。心理咨询之"道"也是如此,不管你有没有意识到,它都在那里,一直在那里。

如何寻求心理咨询之"道"? 让我们从心理形成机制和心理问题的产生谈起。

心理形成机制

心理是人脑的机能,是人脑对客观现实的主观反应。心理过程是指在客观事物的作用下,心理活动在一定时间内发生、发展的过程。

心理过程具有时间上的延续性,通常包括认知过程、情绪情感过程和意志过程三个方面,即人们常说的知、情、意。

知是指人脑接收外界输入的信息,经过头脑的加工处理转换成内在的心理活动,进而支配人的行为的过程;情是指人在认知输入信息的基础上所产生的满意、不满意、喜爱、厌恶、憎恨等主观体验;意是指推动人的奋斗目标并且维持这些行为的内部动力。

知、情、意三者不是孤立的,而是相互关联的一个统一整体,它们相互联系、相互制约、相互渗透。

根据认知加工水平或受意识调节水平的不同,又可分为低级心理过程和高级心理过程。

在不同的认知水平上,低级心理过程是指反映事物的外部特点和外部联系的过程,包括感觉、知觉;高级心理过程是指反映事物内在特点和内在联系的心理过程,包括思维、解决问题、学习等。

根据意识调节水平的不同,低级心理过程是指不受意识指导和调节的无目的、无计划、无意识状态下发生的心理过程,如梦、无意注意等;高级心理过程是指受意识指导和调节的有目的、有计划的心理过程,如思维、有意识注意、有意记忆等。

心理问题的产生

1. 逃避与过度反应:一则寓言故事

明白了心理形成机制,下面我们用一则寓言故事来说明大部分心理问题是如何产生的。

智者看到动物狂奔不已,就上前询问最后一个加入飞奔的动物:"为什么要如此奔跑?"智者被告知:"世界末日来了。"

智者心里想:世界并没有到穷途末路,如果动物们这样惊慌失措地狂奔下去,反而会导致自己的毁灭。

于是,智者开始一个接着一个去追问:"是谁告诉你世界末日来了?"

最后追到那只最早传出谣言的兔子。智者问它:"当你以为世界末日来了的时候,你身在何处?在做什么?"

那只兔子告诉智者:"我在一棵芒果树下睡觉。"

智者一听,心里便明白了,说:"可能是树上有芒果落下来,你受到惊吓,便以为世界末日来了。让我们一起去看看,是不是这么一回事。"

于是,智者就带着动物王国的动物们来到兔子睡觉的那棵芒果树下,果然在那里发现一只落下来的芒果。大家这才明白:"世界末日"原来是一个芒果。

就这样,智者救了动物王国。

产生这样或那样各种心理问题的来访者,其情形正如这则寓言中所描述的:他们一个接着一个从生活场中奔逃而来,到咨询室里来试图躲避。看着他们惊魂未定的样子,咨询师问:"发生了什么事?"他们会说:"世界末日来了。"当然,这不是他们的原话。但从象征的意义上看,他们是被各种各样的"世界末日"追赶着,跑到心理咨询室里来。

有人说:“老师,我是不是活不了了,我咽口水都咽不下,全身也非常难受。”有人说:“我总是担心家里的门在我走时没有关好,以至于我根本无法集中心思工作。”有人说:“我害怕出门会碰上疯狗,得了狂犬病,因而不敢出门。”有人问:“我血压高,肯定要得心脏病,是不是活不了多长时间了?”有人说:“我一个眼睛大一个眼睛小,走在街上每个人都看我,压力太大,不想活了。”有人说:“我天天都担心走在路上会被汽车撞到。”有人说:“我担心发生第三次世界大战,使用核武器,每个人都会死,过不了多久就会被炸死了,现在还活着有什么劲……”

理智的人都会明白,所有这些都不是世界末日。“世界末日”本是虚幻的,但这些求助者固执地信以为真。他们长期为之担心,用这些吓唬自己,惶惶不可终日,长期奔逃不已。咨询师不仅要止住他们的奔逃,还需要了解问题产生的根源,如同寓言中的智者,去陪伴当事人,跟他们一起走回到生活中去,找到他们的“芒果”,让他们发现,原来“世界末日”不过是一个“芒果”。

每个人的内心都有一个恐惧源,它的储量有大有小,因人而异。在有些人那里,它是适度的,在另一些人那里则是过度的。这个恐惧源里有本能的恐惧,也有人生成长过程中遭受威胁、伤害所造成的恐惧。

每个人的内心还有一个逃避机制,其功用是帮助人逃避生活艰难,逃避让他们感到害怕和不舒服的东西,而且,它还会制造一些理由,让人逃避得心安理得。但这个逃避机制的运作往往不被人意识到,因为它是潜意识的行为。当一个人获得了一定的自我觉察后,他会有意识地选择直接面对这些问题,而不是逃避。

当一个人在成长过程中遭受太多的威胁与伤害,内心里会积累过度的恐惧,从而形成极深的不安全感;这种过度的不安全感会激发过度的逃避,并最终形成症状。简单地说,症状是逃避的理由。

我们大概可以这样描述症状形成的过程:一个人内心的恐惧储量太大,他会觉得生活环境里充满威胁,内心总是惶惶不安。当某时某地,他遇到突发事件的刺激时,他内心的恐惧就会做出反应,从而激发出过度的逃避行为。他一路逃避下来,并且不断用理由来强化这种逃避,这就形成了症状。

这个转化,正如寓言所述,发生在这样一个时刻:一颗芒果从树上落下来,发出的声音刺激了兔子内心的恐惧源,让它感到极度的恐惧,兔子立刻调用它的心理逃避机制,把“芒果”加工成“世界末日”,继而开始狂奔,以为自己在逃避“世界末日”,其实是在奔向自己的末日。

透过症状,我们还可以看到当事人生活中的经验、成长中的伤害以及他们回避生活的态度。面对生活中的问题,他们像鸵鸟一样把头扎进沙堆,以为看不见问题,问题就不存在了,就可以不为之烦神了。他们害怕问题,只想回避它们,却不想面对它们。这样一来,他们就把生活的问题转移到自己的内心,使之变成了心理问题。

荣格说:“神经症是合理受苦的替代品。”当人们总是逃避生活中的合理受苦时,他们可能会陷入内心中症状的苦。合理受苦就是一个人为了成长而必须受的苦,因为受这些苦,人获得了成长。但是,为症状而受的苦,却是无意义的苦,因为症状的本质是逃避生活,逃避成长。

当人们避开了现实中让他们感到害怕的东西时,他们就陷入了虚幻的恐惧之中,他们为了战胜恐惧的努力就失去了真正的方向。咽口水、关门、疯狗、车祸、眼睛差异、世界大战,这些不过是当事人回避的人生问题的替代品,是潜意识中的逃避机制为他们制造出来的理由。只是他们无法料到,这些“替代品”或“理由”并不能帮助他们解脱心理痛苦,甚至使他们试图摆脱痛苦的努力化为泡影。

2. 欲望与“我执”

追根究底,不管如何寻找,促成我们内在痛苦的源头,不外乎有两种:一种是来自于“外在环境的冲击”,一种是来自于“内在的心绪”。

外在环境是指我们身、心、灵以外的一切,它包括所拥有的物质水平、财富多寡、地位高低、名誉好坏、爱情有无、家庭幸福程度、关系和谐与否、工作成就与时运好坏,等等。

许多人会依凭外在环境的好坏来决定内在的心绪。当外在环境良好时,他们会感到幸福快乐;当外在环境变差了,他们会感觉到恐惧与痛苦,会开始指控:一切痛苦都是外在环境不好所造成的。他们也会执持因果论,在外在环境中搜索痛苦的元凶。

人为什么痛苦甚至焦虑、抑郁呢？焦点就是一个“我”字。“我”是人们在日常生活中最常用的字眼，“我”在人们心中占有最重要的无可替代的位置，没有智慧时人就会自私、贪婪，一切为了“我”去算计、去贪求、去强取。这种“恶习”我们从小就逐渐养成，并随着年龄的增长而无限膨胀。看见别人有的我没有，看见别人的官位与权力比我大，看见别人有车我没有，心里怎能平衡！

贪欲一生，邪念随起，于是嫉妒、愤怒、焦虑。

人的痛苦、人的疾病，就发源于“想要的”太多！你满足了100个欲望，就会冒出1 000个更大的欲望。人们整天忙忙碌碌、愁眉苦脸，就是为那些“想要的”做奴隶，而且还心甘情愿、乐此不疲。岂不知想要的有很多是你不需要的。想要的太多，却永远不能满足，正如《红楼梦》中的“好了歌”一样，可世上能有几人知止顿悟？

老子主张和谐、协调，“天之道其犹张弓与？高者抑之，下者举之；有余者损之，不足者补之。”（第七十七章）天的运行规律不是很像张弓拉弦吗？高了就压低一点，低了就抬高一点；紧了就松一点，力不够就再补上一点。我们可以从中得到启发，各种心理症状和疾病其实也是偏离适度、偏离和谐的产物。原本好的思想与行为，如果有“高”与“下”、“有余”与“不足”，即有“过”与“不及”、“实”与“虚”的存在，就会出现病态。

关于人的认知，“过”或“实”，即一意孤行，未考虑到其他因素的存在和影响；“不及”或“虚”，则是指其认识中虽然有一些积极的成分，但还不够深刻完善，因而积极成分的力量还不够强大。

对此，可以参照上述老子的说法，针对心理不适产生的原因“以偏纠偏”，即在事物偏离中庸适度状态的情况下，以方向相反的力量来纠正它的偏颇，使其达到平衡，这是中医总的治病原理，也深受老子思想影响。具体来说，就是“实者牵制，虚者取代”，这也是“无为，而无不为”和“能辅万物之自然，而弗敢为”的表现。

比如，疑病症的来访者关心自己的健康，对疾病有足够的警惕性，这本身并没有错。但有的疑病症来访者之所以患病，是因为他们过分关注自己的感觉以及别人对自己的态度，从而忽视了别人的感觉和自己对别人应尽的义务。这显然是“过”的表现。

引导他们以对别人的关心和责任感来“牵制”对自己的“过分”关心,他们便能够取得心理平衡,顺利痊愈。这便是“实者牵制”的作用,即引导来访者加强对其所忽略的因素的考虑,以牵制、分散其注意“过多”的一方,最终取得矛盾双方的平衡。

3. 不合理、绝对化的信念

不合理信念(irrational beliefs)就是个体内心中不现实的、不合逻辑的、站不住脚的信念。即那些绝对化的、过分概括化的、极端化的思想认识。

美国心理学家艾利斯在1962年总结出来自认为具有普遍意义的、通常会导致各种各样神经症状的11种主要的不合理信念。20世纪70年代以后,美国心理学家韦斯特进一步把这些主要的不合理信念归并为三大类,即人们对自己、对他人、对自己周围环境及事物的绝对化要求和信念。

(1) 在自己的生活环境中,每个人都绝对需要得到其他重要人物的喜爱与赞扬。

(2) 一个人必须能力十足,在各方面至少在某方面有才能、有成就,这样才是有价值的。

(3) 有些人是坏的、卑劣的、邪恶的,他们应该受到严厉的谴责与惩罚。

(4) 生活中出现不如意的事情时,就会有大难临头的感觉。

(5) 人的不快乐是外在因素引起的,人不能控制自己的痛苦与困惑。

(6) 对可能(或不一定)发生的危险与可怕的事情,应该牢牢记在心头,随时顾虑到它会发生。

(7) 对于困难与责任,逃避比面对要容易得多。

(8) 一个人应该依赖他人,而且依赖一个比自己更强的人。

(9) 一个人过去的经历是影响他目前行为的决定因素,而且这种影响是永远不可改变的。

(10) 一个人应该关心别人的困难与情绪困扰,并为此感到不安与难过。

(11) 碰到的每个问题都应该有一个正确而完美的解决办法,如果找不到这种完美的解决办法,那是莫大的不幸,真是糟糕透顶。

心理学家韦斯特总结了以上不合理信念的三个特征:绝对化要求、过分概括化和糟糕至极。

(1) 绝对化要求。即人们以自己的意愿为出发点,对某一事物怀有认为其必定会发生或不会发生的信念,它通常与“必须”“应该”这类字眼连在一起。比如:“我必须获得成功”“我必须十全十美”“别人必须友好地对待我”“我永远不应该面对艰苦和困难”等。

一些人认为他们不应该陷入交通堵塞,不应该排队等候,不应该处理繁文缛节或遭遇任何很小的侮辱。怀有这样信念的人极易陷入情绪困扰中,因为客观事物的发生、发展都有其规律,是不以人的意志为转移的。

李潇(为保护来访者隐私,此处“李潇”为化名,后面所有案例均同)从小就希望生活得简单舒适。她来自一个十分富裕的家庭,在一个私立学校上学,从来不需要与逆境作斗争,平时也总是被人照顾着。当她进入大学,离开了每一个人都纵容她、对她过度保护的环境时,她感到手足无措。现在,她被要求能自己处理一件事情,要变得独立,但是她没有任何的技巧,也没有意愿去独自面对生活。于是,她开始闭塞自己,回避参加集体活动,不愿意和同学交流,逐渐过渡到失眠、焦虑,并开始出现一些抑郁症状。

(2) 过分概括化。这是一种以偏概全、以一概十的不合理的思维方式的表现。艾利斯曾说过,过分概括化是不合逻辑的,就好像以一本书的封面来判定其内容的好坏一样。过分概括化的一个方面是人们对其自身的不合理的评价。如当面对失败就是极坏的结果时,往往会认为自己“一无是处”“一钱不值”,是“废物”等。以自己做的某一件事或某几件事的结果来评价自己整个人、评价自己作为人的价值,其结果常常会导致自责自罪、自卑自弃的心理及焦虑和抑郁情绪的产生。过分概括化的另一个方面是对他人的不合理评价,即别人稍有差错就认为他很坏、一无是处等,这会导致一味地责备他人,以致产生敌意和愤怒等情绪。

(3) 糟糕至极。这是一种认为如果一件不好的事发生了,将是非常可怕、非常糟糕,甚至是一场灾难的想法。这将导致个体陷入极端不良的情绪体验,如耻辱、自责自罪、焦虑、悲观、抑郁的恶性循环中,而且难以自拔。糟糕就是不好、坏事了的意思。当一个人讲什么事情都糟透了、糟极了的时候,对他来说往往意味着碰到的是最最坏的事情,是一种灭顶之灾。艾利斯指出这是一种不合理的信念,因为对任何一件事情来说,都有可能发生比之更好的情形,没有任何一件事情可以定义为是百分之百糟透了的。当一个人沿着这条思路想下去,认为遇到了百分之百的糟糕的事或比百分之百还糟的事情时,他就是把自己引向了极端的、负面的不良情绪状态之中。

4. 幼年的心灵错位与伤害

精神分析家相信,个人的早期生活经验对他将来的性格形成有相当的影响。因此,要了解来访者问题的真相,就必须去认识他过去的生活经历和家庭背景。特别是来访者的主要问题不在于现在,而源于过去时,更要仔细了解从前的一切,包括家庭背景、父母关系、幼年的生活状况等。

面对同样的生命现象,不同性质的成长记忆会制造不同的反应,不同的反应会促成不一样的生命历程。

例如,某个人被批评后会莫名地暴怒。他很想改变这个讨厌的个性,遇到批评时想要自我控制,但每次被批评后仍然生气,生气后又忙着道歉。

表面上这似乎是他天生的个性使然,但真相不是如此。小时候父母间频繁争执下的全武行,为他的潜意识免费安装了一个愤怒按钮,令他学习到的信念是:“争执要用愤怒或暴力解决”。在他以后的生命中,每当争执当头,他的潜意识会强迫他纵情发怒。当他习惯呼应这个愤怒信念后,他就被它绑架了一辈子。

相对的,另外有个人生长在佛教徒家庭,一家人祥和喜悦,他从小在这种氛围中被默默地安插了用“接纳”取代“对抗”的按钮。当他听到批评时,他的潜意识按钮会促使他诚心地向对方说“谢谢您教导我”。他把批评认定是提升自我的机会。

上述两种人由于成长经历的不同,面对纷争的应对模式也截然相反,但他们未曾选择记忆,一切都是周遭环境促成的。

心理学家做过一个著名的“恒河猴母爱剥夺试验”。在这个试验中,小猴子生下来就进行人工饲养,它们被提供给两个“母亲”:一个是坚硬的,用铁丝做的母亲,这个母亲的身上有一个奶瓶,另一个是柔软的,用毛巾包起来的可以晃动的母亲,更像是真正的母亲的怀抱。

在这个试验中,小猴子饿了的时候,会来到坚硬母亲那里吸奶,吸饱后就回到柔软母亲那里,抱着这个母亲摇晃,当遇上一些危险,比如突然的大的声音时,它也会迅速回到柔软母亲那里去。

这个试验得出的结论是,在灵长类动物的依恋关系中,食物并不是最重要的安全指标,而是孩子与母亲的亲密接触,比如肌肤相触时的浸入感,对于孩子建立安全依恋关系有着重大意义。

在这个试验的后半部分,当这些猴子长大了,进入生育年龄时,相当多的一部分猴子没有办法完成交配的过程,即便是人工指导,或者它们观看其他猴子交配的过程,它们也没有办法学会自主交配。

再后来,人工受孕的母猴子在生下小猴子后,一部分会拒绝为小猴子哺乳,甚至会严重地伤害小猴子,虽然在人工干预下,一部分母猴在生下第二个孩子后学会了哺乳,但始终有一部分母猴子是会伤害自己的孩子的。

这个试验的结论是,早期的依恋剥夺使这些猴子没有办法建立起依恋关系来,所以在交配过程中,它们拒绝与对方如此亲密地接触,所以也无法完成交配过程。在人的身上,这个过程同样是成立的。

心理研究表明,0～3岁的宝宝不懂表达,但是他们的内心世界却是敏感而丰富的,父母不用心的陪伴和不经意的敷衍,不但无法实现对宝宝的教育和关爱,还可能影响宝宝的性格养成、成长发育等。

小孩子长期缺少爸妈的陪伴,会慢慢习惯孤独,表现为常常一个人发呆、喜欢待在密闭空间、对本该害怕的东西表现得淡然、和父母不亲等。长此以往,这样的孩子会缺乏自信、多疑、不爱与人交流,情况严重者会变得自闭、抑郁。

一个人的情绪、情感从小就被忽视或否定的话,他就没有途径去学会了解自己、认识自己。他不懂得自己的情绪、情感,必然也会察觉不到别人的情绪、情感,从而不知道如何跟别人互动。很多时候,他跟别人之间似乎都隔着一堵墙,没法产生真正的感情流动。

有个病人从母亲去世之后,就患了一种毛病,时刻要去按自己的脉搏,量量脉搏的快慢,唯恐有问题。因为运动心跳加快,他马上担心自己是否有心脏病。他常常请医生给他量血压,担心自己是否患了高血压症。这位难倒内科医生、无病呻吟、患有“疑病性心理症”的病人,到底是怎么一回事呢?

假如我们研究一下他的过去,就不难理解其原因。原来这位病人是一个独子,从小常生病,备受母亲的疼爱和关心,只要他稍微一咳嗽,或肚子不舒服,妈妈就赶快替他按脉搏,摸肚子,请医生。

如此数十年,不但养成了依赖母亲的心理,也产生过分注意自己身体的习惯。母亲忽然去世后,他变得不知所措,于是不自觉地开始了随时按脉搏的行为。虽然他是给自己按脉搏,但仿佛是他的母亲为他按脉搏一样。

一个常依赖母亲的人,忽然失去母亲,就用自演母亲的角色来弥补内心的缺失。

早期的生活经验对个体人格和心理的影响是较大的,所以在精神分析中需要病人谈他过去的情况,其目的是为了了解现在。在病人回忆过去、重复从前的经历曾引起挫折的过程中,便有机会再次正视自己的问题,了解问题的真相,合理地调节自己的情绪,这也是精神分析的方法之一。

通过预约,王雪(化名)来做心理咨询。她对自己与他人的关系把握不清有些不满。她社交广泛,聪明能干,体端貌美。她与人结识毫无困难,她优雅的风姿和妩媚的笑容使人愉快,她能把生活中的小事戏剧性地描绘得绘声绘色。人们喜欢她,为她着迷。但是,她仍不快乐。虽然她表现得活泼外向,可她常常感到压抑。她模模糊糊地感到,她总是因人们爱她爱得好像不够而气懑。她总有种失落感。

治疗过程最后回溯到王雪3岁的时候。那时,她和小姨还有父母一起生活。她可爱的小姨在出国结婚前,陪她玩耍,逗她开心,两人一起度过了许多美好时光。王雪的父母看到小姨能照顾她那么长时间,也很高兴,因为他们俩都是精力有限、忙忙碌碌的人。小姨出国后,王雪的父母感到照料这样一个活泼的、喜欢社交生活的孩子压力太大,就有了一种忽视她的倾向。只有王雪大发脾气时,他们才会注意到她,但对待她的方式却又是那样严厉和消极。

小王雪那时就很茫然了。她知道有什么事不对头，并想这一定是她自己的原因，她是罪魁祸首。也许，因为她不够有趣，所以大人不注意她，并把她排斥在大人的活动范围之外？

她开始提高嗓门说话，好让别人听见；把鸡毛蒜皮的小事变成惊天动地的大事，从而引起别人的注意。她也仔细注意和揣测，哪些事父母喜欢，哪些事父母不喜欢，然后就以一种有意的方式行事，以引起父母最大的反应。她小时候的行为过程就是试着来、无章法和想到哪儿是哪儿的，从没有那么多逻辑性和自觉。

王雪过早地进入了成人世界。在某种水平上，她同父母人交往得得心应手。在另一种水平上，她又从未泯灭自己的渴望，即轻轻松松地与人愉快相处。小王雪感到她不得不人为地扩张她的能量，故意弄得光彩照人以让别人接纳，而她又因此感到悲哀和愤怒。在她的发展和成长过程中，因她总以假象出现在别人面前，所以她感到孤独。在她的童年时代，因失望或伤害而感受到的焦虑和恐惧让她很难容许愉悦的体验和表达。甚至，在她摆脱了早期家庭环境的限制时，她也从未得知她能重新估价自己的情形，去发现自己现在的生活中有很多人并不需要她进行什么表演才愿意倾听她和接受她。她不再需要提高嗓门或引起别人对她注意。

早期父母教育的错位可能会导致来访者一生的不幸，或在社会生活中难以适应。但是，由于生活压力，大多数父母为生活奔波，或者唯分数至上，所有的时间和精力都花在如何提高孩子的学习成绩上，对孩子心理健康的关注却非常少，这种做法是十分可怕的。更不用说我国还有那么多的留守儿童，他们的心理问题更是少有人关注，就像朵朵柔弱的野花在贫瘠的土地上默默地开放，说不定哪天就无声无息地凋零了。

2015 年 6 月 9 日晚，贵州省毕节市四名留守儿童在家中喝农药自杀，最大的哥哥 13 岁，最小的妹妹才 5 岁。四兄妹在家暴的环境中成长，性格孤僻。2014 年 3 月，母亲离家出走，2015 年 3 月，父亲外出打工，但他们并没有请人帮忙照顾孩子,只是在离开前给孩子办了一张银行卡,放在老大身上。从此之后,四兄妹生活要全部自理。性格孤僻的几兄妹就如同生活在与世隔绝的孤岛之上,这是多么的凄凉与悲伤。

“白日不到处,青春恰自来。苔花如米小,也学牡丹开。”清朝诗人袁枚的这首20字小诗《苔》,被乡村教师梁俊和乌蒙山孩子小梁与小伙伴在《经典咏流传》舞台上深情演绎,孩子们最朴实无华的天籁之音,唱哭了评委庾澄庆和曾宝仪,也让亿万中国人在这一刻被感动。他们缺少爱,他们渴望爱,让我们把陪伴、爱与关怀送给我们的孩子,送给那些贫困与孤独的孩子。因为,他们,是鲜活的生命;他们,是中国的未来。

一位家长自责道,在女儿小时候,她就经常对女儿说“你要做最好的”,这样下来,她现在读高中了,在重点班名列前茅,但她仍然经常处于强烈的挫败感之中。因为她没能拿到第一,全家的气氛为此极为紧张。她女儿的这种情况有合理的成分,即是有上进心的表现,但还不够深入彻底,没有想到自己争取做个优秀的人到底是为了什么。可以让她告知自己的女儿,爱因斯坦说:“个人的价值,应当看他贡献什么,而不应当看他取得什么。”只要她能充分发挥出自己的真诚、能力和智慧,她一定能为他人、为社会作出自己独特的、别人无可替代的贡献,成为一个受人尊敬的人。这样,以“为他人作贡献”来取代她的“让自己最出众”,以“成为一个独特的人”来取代她的“做最好的人”,她就会感到轻松很多。在对子女的教育中,应以“合理、强有力”的观念代替“不够合理、不堪重任”的观念。

我们再举一个父母教育中忽视孩子心理健康的案例,揭示出幼年时期的心理健康对人一生的影响。

王明(化名)出生在父母都很强势、很自我的家庭,这就给身为孩子的他造成了一种痛苦,因为父母总是习惯以自己的想法去揣摩孩子,从小到大,凡事他都很难有自己的发言权,或者即使表达了,父母大人也权当没听见,他的话就像一记重拳打在棉花上,换不来任何反弹回响。

初一的某天快放学时,他被老师临时起意留在班里帮办黑板报,回家就有点晚了，一路上他原本还想着要跟父母炫耀一下，结果还没来得及开口，就被父亲劈头盖脸一通叫骂："你给老子死哪儿去了，也不看看现在几点钟了？"

他一下子紧张起来，一紧张舌头就不利落，说话磕磕巴巴："不，不是的，我是被老师留在学校……"

他爸和他妈对视一眼，鄙夷地说："说吧，你又干什么坏事了，都把你留校了。"

他说："我没有干坏事，我是留在学校办黑板报了。"

他爸一愣，然后突然笑起来："你？办黑板报？"

他妈说："你肯定又在撒谎，就你的字儿，还办黑板报呢。"

他爸趋前一步，一巴掌打在他脸上："说实话！"

他又急又气，捂着脸快哭了："我就是留在学校办黑板报了，老师说我的画画得好。不信你们去问呀。"

父母后来跟老师确认了，他的确没有撒谎，但没有一个人跟他道歉。

成长中，他被自以为是的父母误会过很多次，挨过很多不该挨的骂和打，面对认定了他就是怎样怎样的爹娘，他从起初的百口莫辩演变到最后的懒得解释，打骂就打骂，父母大人痛快了就好。

懒得解释的后面，其实是对父母死心了。

他懒得解释，也懒得深想，总是快速翻篇，把不愉快的感觉悉数抹去。

然而，这些成长中被伤害的痕迹并未消失，只是被他压抑到潜意识层面了。

长大后老友聚会，一个朋友用半开玩笑的口气跟他说："你看你小子，白白胖胖的多滋润呀，肯定在家里什么心都不用操吧。"

此话当即令他胸口一紧，表面上虽然还呵呵笑着，心里早已不爽，回家后很生气地跟妻子抱怨："凭什么这么说我，我的生活状态他知道吗？就跟他看见我在家里什么样似的。"

妻子很纳闷："只是一个现实而已，至于这么生气吗？哎，你有没有觉得你很容易发火，越来越开不起玩笑了？"

冷静下来他自己也琢磨："对呀，为什么我这么容易被激怒呢？"

相信生活中很多人都有这样的体会,有时候你认为很正常的一句话,说出来却会让对方反应特别大,然后你会被对方的反应吓一跳,会觉得对方莫名其妙。然而这只是一种很微妙的感觉,双方还不好说破,或者去辩解什么,彼此心中嫌隙暗生。

就像被朋友的话激怒的他对自己的反应也颇感奇怪,实际上,他成年后的这些性格与其幼年的成长经历是密不可分的。

孩子们在幼年、童年时期的心理感受最容易被父母、老师所忽视,但这反而是一个人心理成熟最关键的时刻。正如建造一座大厦,基础不牢,上面的部分建造得再好,又能有什么用呢?我们每一个人,尤其是从事心理工作的人,一定要穷尽自身之力,去呼吁全社会关注儿童的心理成长。从小的方面讲,这影响了孩子一生的幸福;从大的方面讲,这是国家真正强大的人才基础。

在此,附上一篇非常让人痛心的小学生作文《泪》。诚然,这篇作文的内容可能与本书的主旨有所偏离,但希望看到这段文字的读者,能从小女孩用心凝结的文字中被感动,能去关心那些生活悲惨、心灵苦闷的孩子。

泪

爸爸四年前死了。

爸爸生前最疼我,妈妈就天天想办法给我做好吃的。可能妈妈也想他了吧。

妈妈病了,去镇上,去西昌,钱没了,病也没好。

那天,妈妈倒了,看着妈妈很难受,我哭了。我对妈妈说:“妈妈你一定会好起来的,我支持你。把我做的饭吃了,睡睡觉,就好了。”

第二天早上,妈妈起不来,样子很难看。我赶紧叫打工刚回家的叔叔把妈妈送到镇上。

第三天早上,我去医院看妈妈,她还没有醒。我轻轻地给她洗手,她醒了。

妈妈拉着我的手,叫我的小名:“妹妹,妈妈想回家。”

我问:“为什么?”

“这里不舒服,还是家里舒服。”

我把妈妈接回家,坐了一会儿,我就去给妈妈做饭,饭做好,去叫妈妈,妈妈已经死了。

课本上说,有个地方有个日月潭,那就是女儿想念母亲留下的泪水。

柳彝

2015 年 6 月 20 日

老师点评:用“心”写出来的文字,就是“心声”,潸然泪下,心碎!

文章的作者名叫苦依五木(笔名柳彝),一个来自大凉山的小学四年级彝族小姑娘。这是新华社山西分社记者范敏达此前在大凉山采访的所见所闻。在大凉山,像柳彝那样的孩子还有很多。

《人民日报》新浪微博这样评论道:

一篇最悲伤的小学作文,刺痛人心。比个体悲痛更残忍的,是那大山里,千千万万孩子的相似命运。贫困、留守、教育缺失,这不仅是一个群体的症,更是社会转型的结。繁华世界之外,还有无法忽视的人间苦难。让每个孩子快乐成长,让所有梦想自由飞翔,路或远,但每个有良心的人,都别无选择。

容许我们再重复一句:路或远,但每个有良心的人,都别无选择。

心理咨询的从业动机与咨询要素

“故常无欲,以观其妙;常有欲,以观其徼。”(第一章)因此,如果一个人经常保持宁静无欲的心态,就可以深入观察到天地万物的微妙之处;如果常存欲望,就只能看到天地万物表层的东西。

每一位心理咨询工作者,都要问问自己:我为什么要从事这一职业?在职业定位中,我的“欲”在哪?

通过一份工作养家糊口,是每一个人不可回避的问题。与社会其他行业工作岗位不同,如果把心理咨询作为单纯养家糊口的手段,那我们的心理动机就偏离了。

可以这样说,把赚钱甚至赚大钱作为心理咨询的目标,那你的心理咨询之路一定走不远。控制不好,还有可能走上“害了来访者,害了自己”的歧途。

1. 甘于奉献、乐于助人、发自内心的热爱是做好心理咨询工作的基本前提

心理咨询的作用就是帮助来访者更好地了解自己,了解自己的需要、渴望和恐惧,了解自己为人处世的方式,了解自己是怎样塑造了自己的命运。一个好的心理咨询师不是像很多人理解的那样锐利,让来访者很深地被触动,看到自己的问题,然后就改变了。真正的治疗是一个水滴石穿的长期过程。治疗真正应该做的事情,不是向来访者指出哪些地方错了,告诉来访者怎样可以变得更好,而是让来访者学习怎样去认识自己,更好地接纳自己,面对事实真相。

随着社会经济的进步和竞争的激烈,人们的压力和冲突越来越大,产生了一系列的心理问题,需要心理救助的人也越来越多。据有关专家统计,我国约80%的人都处在心理亚健康状态,其中包括人际关系障碍、婚姻家庭矛盾、子女教育不良、情绪调节障碍、失眠和记忆力下降、学习动力不足、社会适应性下降等问题。这些人需要通过咨询师的帮助来解决遇到的问题,不断地丰富和提高自己。

在我国,心理咨询师是拥有广阔前景的职业,特别是在教育、医疗、社区、机关、企业、司法系统等领域将有更大的需求。目前,中国已在教育系统、公安系统、体育界和部队里配备了专业的心理咨询师。按有关规定,监狱劳教部门、大专院校各个机构、各中小学、企事业单位的人事部都应配备2～3名心理咨询师。心理咨询工作也是一种艰苦的劳动,需要终生学习,勤于实践,但是这更是一份帮助别人、快乐自己、利人利己的伟大的事业。另外,心理咨询师是一个可以终生从事的职业,而且会因为年纪的增长、阅历的增加更受欢迎。

老子哲学的主旨是“尊道而贵德”,以追求真善美为出发点。他很明确地提出“善”的标准,即“上善若水。水善利万物而不争”(第八章)。最善良的人就像流水,他愿意施利于万物,从不争名夺利。他认为“天之道,利而不害；圣人之道，为而不争。”（第八十一章）自然的道理是有利于万物而不伤害它们，人间的道理是做善事而不争夺，并多处提及“善”与“不善”。可见，他提倡真善美的思想和行为，注重提高人们的道德修养水平。

合格的心理咨询师需要具备一些条件，其中就包括“以良好的伦理道德观念指导来访者”。无论对于治疗师还是来访者，只有具备良好的伦理道德观念，有高尚的人生追求，能与其他人融洽相处时，人们才可能真正拥有心理健康。对于治疗师来说，只有自己具备良好的伦理道德观念，才能全心全意为来访者服务，尽自己所能帮助来访者解除痛苦，获得成长，才能指导来访者同样追求美好的道德情操。因此，无论是治疗师自身的修养，还是他们在心理治疗中帮助来访者调整自己，都应以老子的“上善若水”为宗旨。

通过长期的实践，联系《道德经》中的哲理，我认为心理咨询师应该具有如下的人格特质：

首先，一个合格的心理咨询师应当是一个愉快的、热爱生活、有良好适应能力的人，能妥善地处理好自己的心理冲突，排除日常干扰，从而保证咨询工作的顺利进行。

其次，他应当是一个乐于助人的人。只有乐于助人的人才能在咨询关系中给求助者以温暖，才能创造一个安全、自由的气氛，才能接受求助者各种正面和负面情绪，才能进入求助者的内心世界。

再次，他应当是一个认真负责的人。能耐心地倾听求助者的叙述，精力集中不分心，使求助者感到对他们的困难表示关心，能诚恳、坦率地与来访者谈心，使他们愿意暴露内心的隐私和秘密，值得他们信任。

作为咨询师，如同一张弓，来访者则如同一支箭。不管是弓还是箭，都愿意为生命的神弓手所用。咨询师愿意折弯自己，求助者渴望射出自己，神弓手开始用力了，那生命之箭被射得又快又远。在这场合作之中，咨询师最为充分地使用自身的能量，从而获得最大的愉悦。要完成这样一项合作，咨询师需要有一个最根本的态度：尊重生命。

2. 咨询师个人的心理健康、丰富的阅历、深邃的洞察力是做好心理咨询工作的必备条件

“何谓宠辱若惊？宠为下，得之若惊，失之若惊，是谓宠辱若惊。”（第十三章)什么叫作受到宠辱好像受到惊吓呢?因为人们把受宠看得很尊贵,把受辱看得很卑贱,所以得到这些好像受到惊吓,失去这些也大都感到惊恐,这就叫作"宠辱若惊"。合格的心理咨询师不会过多关注自身的荣辱,一切以来访者的利益为中心。

"是以圣人抱一为天下式。不自见,故明;不自是,故彰;不自伐,故有功;不自矜,故长。"(第二十二章)圣人能够遵循着道的原则并与其保持一致,从而成为天下人学习的典范:他们不自我张扬,所以才名传天下;不自以为是,所以才有所显扬;不自我夸耀,所以才功勋卓著;不自高自大,所以才显得高于众人。高水平的咨询师也一定是一个自身修养很高的人,因此,在心理咨询实践中,咨询师的成长经历和内省是十分重要的。

"善行无辙迹,善言无瑕谪,善计不用筹策,善闭无关楗而不可开,善结无绳约而不可解。"(第二十七章)善于行走的,不留印迹;善于言谈的,没有语病;善于计算的,不用筹策;善于锁门的,不用关楗也能使门牢不可开;善于捆缚的,不用绳索也能使其坚不可解。正如最高的武功好像没有武功,没有套路,最高境界的心理咨询也一定是一个润物细无声的过程,令来访者在不知不觉中实现生命的成长。这一效果的产生,一定是与咨询师的个人成长和个人素质分不开的。

影响咨询效果的因素主要有:来访者的年龄以及问题的泛化程度、对咨询师的信任度和开放度、改变的决心以及咨询师的匹配度和专业度。匹配度决定了来访者的问题是否在咨询师擅长的咨询范围之内,这会影响咨询的最终效果。

对咨询师而言,个人的心理健康、丰富的阅历、深邃的洞察力成为做好心理咨询工作的必备条件。

咨询师要具备广泛的社会视觉和文化视觉。要熟悉中国文化、历史、美学等,了解中国文化特质和社会特质,这是开展有效心理咨询的重要功底。如果照搬西方的咨询技术,往往很难适合中国人的特点和需要。同时,咨询师要有丰富的生活阅历和经验,要有自我完善的动力和较为完善的人格。咨询师要时刻成长,时刻完善自身。只有心理健康、幸福的人才能带给别人幸福,只有心中有爱,才能把爱传递,并给他人力量,所以心理咨询师强调自修、内省。

大脑、身体像硬件，心灵则是软件，没有软件硬件也无法运行，缺一不可。心灵是让生命鲜活的要素，能让人更好生活的要素就是文化。

一个人只知道神经科学等知识（虽然这些也不是很多人知道），却不知道哲学、艺术、科学、诗歌、宗教等，那么他怎么做心灵方面的工作呢?

心理咨询主要是通过谈话治疗，谈话治疗不是药物的替代品，不能作为药物去使用，我们要关注来访者的灵魂，也就是给其提供文化，用心去做咨询。

3. 尊重、真诚与关爱是做好心理咨询工作的切入点

“圣人常无心，以百姓心为心。善者，吾善之；不善者，吾亦善之，德善。信者，吾信之；不信者，吾亦信之，德信。”（第四十九章）圣人没有一般人的私欲，而是把百姓的愿望作为自己的愿望。善良的人，我会善待他，不善良的人，我也以善意对待他，结果就是使他也变得善良。诚实之人，我信任他，不诚实的人，我也信任他，结果就是使他也变得诚实起来。合格的咨询师对来访者要一视同仁，最忌讳用自身或社会的道德标准来对待来访者。

我觉得咨询师最重要的素质是尊重、真诚、关爱，咨询师发自内心的爱是最重要的。但是，这三方面的素质互为因果，确实很难排出个名次来。不互相尊重的真诚不是真的真诚，不互相尊重的爱也无法让人心悦诚服地接纳。同样，不真诚的尊重像沟壑横亘在咨访二人中间，而不真诚的关爱让人觉得虚伪。但是，最重要的还是爱本身，没有爱，尊重过于冷漠，真诚则率直得伤人。

咨访关系是最重要的治愈性因素。建立咨访关系不是通过赢得对方的信任，从而使他能够告诉你他内心的秘密的一种策略，而是真正地尊重、理解以及信任来访者。治疗的目的不是把来访者变得更好，而是让来访者增加对自己的理解，获得更多的内心自由与情感和谐。

只有在充分尊重和对来访者深度理解的基础上，治疗师才有可能以人性化的方式慢慢松动来访者僵化的、受限的对生活的看法和应对方式，帮助他看到自己在当前的困难中起了什么样的作用，是否有其他的可能性。在没有获得对来访者足够的理解和尊重的情况下，贸然地指出来访者的问题，很自然地会被视为一种攻击，对来访者的生存方式和自我本质的攻击，这会严重威胁到来访者的基本生存安全,来访者阻抗是自然的事。当治疗变成一场战争,那么治疗师不论输赢都是输家,治疗不会有任何实质性的效果。

4. 科学有效的治疗方案是做好心理咨询工作的基本框架

咨询工作方案主要分为划分咨询阶段,制定咨询目标,双方各自的特定责任、权利与义务,咨询的次数与时间安排,咨询的具体方法、过程和原理,咨询的效果及评价手段,咨询的费用,其他问题及有关说明等。

其中,咨询过程中明确咨询双方的权、责、利对咨询是否成功是非常重要的。

对求助者而言,求助者的责任有:向咨询师提供与心理问题有关的真实资料;积极主动地与咨询师一起探索解决问题的方法;完成双方商定的作业。求助者的权利有:有权利了解咨询师的受训背景和执业资格;有权利了解咨询的具体方法、过程和原理;有权利选择或更换合适的咨询师;有权利提出转介或中止咨询;对咨询方案的内容有知情权、协商权和选择权。求助者的义务有:遵守咨询机构的相关规定;遵守和执行商定好的咨询方案各方面的内容;尊重咨询师,遵守预约时间,如有特殊情况提前告知咨询师。

对咨询师而言,其责任包括:遵守职业道德,遵守国家有关的法律法规;帮助求助者解决心理问题;严格遵守保密原则,并说明保密例外。咨询师的权利有:有权利了解与求助者心理问题有关的个人资料;有权利选择合适的求助者;本着对求助者负责的态度,有权利提出转介或中止咨询。咨询师的义务有:向求助者介绍自己的受训背景,出示营业执照和执业资格等相关证件;遵守咨询机构的有关规定;遵守和执行商定好的咨询方案各方面的内容;尊重求助者,遵守预约时间,如有特殊情况提前告知求助者。

咨询之“道”在于无、在于有、在于心

“玄之又玄,众妙之门”(第一章),那神秘又深远的极处,便是产生天地万物之所在。

每个人的身体与心理都像是一个宇宙,人类目前的知识离接近这个宇

宙的核心还很远很远。心理是一门最为深奥的科学，更严格地说，我们不能称之为“科学”，而要称之为“存在”。

咨询之“道”在于“无”：心理咨询的最高境界是“无”

“三十辐，共一毂，当其无，有车之用；埏埴以为器，当其无，有器之用；凿户牖以为室，当其无，有室之用。故有之以为利，无之以为用。”(第十一章)

三十根辐条集中在一个车毂上，正是因为有了车毂中的空间，才有了车的价值。抟揉黏土制造器皿，正是因为有了器皿中间的空间，才有了器皿的价值。开凿门窗修建房屋，正是因为有了房屋中的空间，才有了房屋的价值。所以说器物给人带来了便利，而器物的价值却是产生于拥有空间。

事物由“有”与“无”、“实”与“虚”两部分构成，其中的“虚”“无”部分通过“实”“有”部分体现出实用价值。所以“实”“有”部分只是借利，而“虚”“无”部分才是实用。“有”与“无”二者，虽然互为利用，但不可否认“无”的特殊作用。

“无”中虽然没有物质存在，但却为“有”提供了生存空间。有形的部分只是为实现目的而设置的便利而已，真正起作用的部分却是那空无一物而又容易被人熟视无睹的“无”。从“无”之始到“有”之际，中空无物却能因应无穷，“无”的作用之大之广是无法比拟的。人的心灵若是处于虚无寂寥、空明澄澈的状态，就能接受和拥抱一切存在，以至于“无物不包，无物不纳，即浑然一体，心物无间”。

做人做事一定要看到“空”“无”的价值。盆子内部是“无”的，所以能装东西；房子内部是“无”的，所以能住人。

佛家也强调“虚”“无”“空”之大用，所以孙行者才叫孙悟空，也就是让他要领悟“空”的作用。以讲解佛理而闻名的净空法师，也是取意于此，强调“净”“空”的价值。

佛经里常有“一空万有”“真空妙有”之说，佛法之精莫过一个“空”字，认为“空”是人生的最高境界。弘一大师说：“真正之佛法，先须向空上立脚，而再向不空上作去。”可不是吗？只有空的杯子才可以装水，只有空的房子才可以住人，只有空谷才可以传声……每一个容器的利用价值就在于它的空。

把“虚”“空”“无”的思想运用到心理咨询中,咨询师只有使充满各种理论架构的内心虚无化,允许自己处于特殊意义上的“混沌”状态,才能为来访者腾出必要的生存空间,提供适宜的成长条件。“圣人无常心,以百姓心为心。”(第四十九章)咨询师没有自己固定的意念,以来访者之心为心,唯有如此,才能真正触及来访者柔软而独特的内心存在。咨询师若是“绝圣弃智”(第十九章),培养一种初学者之心,“如婴儿之未孩”(第二十章),不以权威自居,“抵御深藏的指导他人的诱惑”,力戒刚愎自用,则“民利百倍”(第十九章),来访者就能获得百倍的收益,真正成为他们内心之所是。

咨询师只有虚化于己,抱之以一种开放空灵的姿态,聚焦于此时此刻此地,才能将来访者涵容于心中而无所障碍。咨询师如果能将先入为主的预想暂时搁置一边,避免对每个来访者独特的内心体验做出不成熟的主观臆断,“道冲而用之或不盈。”(第四章)做到冲虚而不盈不满,自然就可以顿挫尖锐、化解纷扰。只要咨询师允许自我向后退缩甚至消失,让来访者成为自己内心真正的主人,来访者的“开悟心”最终将会得到促发,内在的智慧将会得以发掘,潜藏的资源将会自然而然地彰显。

同理,对于来访者而言,咨询也必须从心灵的空虚化入手。“民之难治,以其智多。”(第六十五章)来访者之所以有这么多的困惑、烦恼、忧愁,就在于太执着于固有的观念,太多依赖于自己的智性判断,过多地被未完成情结所束缚。“是以圣人之治,虚其心,实其腹。弱其志,强其骨,常使民无知无欲,使夫智者不敢为也。”(第三章)来访者要想取得疗效,必须消除诸多欲望,将所需所欲“虚无”化;来访者要想获得解脱,必须打破窠臼,悬置固见,摒弃定见;来访者要想回归自身,必须转而静观自己的内在体验,持开放的态度,不带任何褒贬地对待这一切。

“大盈若冲,其用不穷。”(第四十五章)最充实的好似空虚,而它的作用却不会穷尽。来访者只有使心灵处于无所滞塞、无所遮蔽的状态,自我的内核才能真正被触及,之后一个知晓将带动另一个知晓,一个洞见将引发另一个洞见,分裂的、纠结的自我将得以整合、统一,处于因任自然的自我将会焕发出巨大的心理能量。

心理咨询的最高境界就是“空”“无”。“手中有兵,心中无兵”,这正是禅宗六祖慧能"菩提本无树，明镜亦非台；本来无一物，何处惹尘埃?"的境界。你的心要返回来观照内心的本觉空明。

咨询之"道"在于"有"：学习足够多的咨询理论和技术

尽管"无"是心理咨询的最高境界，但高水平的咨询师在做到"无"之前，一定要先做到"有"，即掌握足够多的咨询理论和技术，这才是"有之以为利，无之以为用"的应有之义。

心理咨询有各种治疗方法，我比较认同的主要有以下几种：

1. 精神分析方法

20 世纪初，奥地利精神病学家西格蒙德・弗洛伊德(Sigmund Freud，1856—1939 年)创立了精神分析学(Psychoanalysis)，被世人誉为精神分析之父。第二次世界大战结束后，这门心灵科学在欧美蓬勃发展，成为精神医疗主流。

精神分析方法就是以弗洛伊德首创的精神分析理论为指导，探讨病人的深层心理，识别潜意识的欲望和动机，解释病理与症状的心理意义，协助病人对本我的剖析，解除自我的过分防御，调节超我的适当管制，善用病人与治疗者的移情关系来改善病人的人际关系，调整心理结构，消除内心症结，促进人格的成熟，提高适应能力。

弗洛伊德的精神分析理论认为潜意识与心灵问题存在因果关联性。他认为精神疾病的病因多存在于童年记忆中，既往的创伤会导致心理障碍。他相信只要引导病人找到他们潜意识中被遗忘的障碍源头，并协助病人知觉或重演障碍源头后，就会有效清理掉心理创伤。

弗洛伊德的学生卡尔・古斯塔夫・荣格(Carl Gustav Jung，1875—1961 年)也是心理学鼻祖之一，他发展出"荣格心理学"。荣格认为人的心灵包含有意识自我与无意识两大部分。有意识的自我只是整体心灵的一小部分，无意识才更具影响力。如果有意识的自我与无意识相互矛盾而无法整合，则会产生精神病的症状，如恐惧症或忧郁症。

荣格利用分析无意识中的某些特性去解决心理障碍。他考证过数以万计的梦，解析梦是荣格常用的方法。他相信梦是潜意识的外在橱窗，借由梦去深入并转化潜意识,会是心灵疗愈的快捷方式。

精神分析的方法主要在于逐渐地觉察、明晰、洞察人的行为以及了解精神症状所显示的意义。因为精神分析认为症状是神经症性冲突的结果,它是经过化装的,背后有无意识的症结。咨询中要帮助来访者寻找症状背后的无意识动机,使之与意识相见,即通过分析让来访者自己意识到其无意识中的症结所在,产生意识层次的领悟,使无意识的心理过程转变为意识的。如果来访者了解症状的真实意义,便可使症状消除。

有这样一个咨询案例。来访者为女性,30 岁。几年来有一种冲动念头,想要杀死或伤害她的孩子,如把孩子从窗口扔出去。她很爱她的孩子,不知该想法和冲动的原因,为此非常痛苦。

这是一名强迫症来访者。在心理治疗过程中,咨询师让来访者认真回忆自己的生活经历。她是长女,有弟、妹各一人。小时候,她必须帮助母亲照顾弟、妹,几年来从未得到父母的抚爱和关心,因而痛恨弟、妹。曾幻想过如果没有他们该多好,也有害死他们的念头,为此产生过自罪感和焦虑。这些幻想和仇恨的感情都被压抑到无意识中。

成年后,她很爱自己的弟、妹。在意识里她不承认和不能忍受曾有过对弟、妹的恶念,但早期的恶念并没有消失。她的自我通过转换机制,用自己的孩子转换了弟、妹,把仇恨发泄到孩子身上,成为当前强迫性冲动症状。

来访者赞同心理咨询师的解释,理解了早年有过仇恨感情和现时症状的关系,强迫症状逐渐减轻以至消失。

心理医师运用精神分析法追溯精神病患创伤的源头,常需进行许多次的治疗。这些治疗对有些个案有效,有些个案效果不佳,有些个案则完全失败。

弗洛伊德与荣格的理论也许正确,但在庞大的潜意识内,储存的信念极度地错综复杂,并且难解。对部分案例来说,医师如仅凭借当事人提示的生命历史,在庞大深暗的潜意识中去苦苦搜索障碍源头,会像是深海捞针。

作为精神分析的领军人物,弗洛伊德与荣格也产生了巨大的分歧,这从荣格自述中关于释梦的一段文字可见端倪。

我感到弗洛伊德已经将权威性置于真理之上了。

正如我前面所讲，弗洛伊德要么能够解析我当时做过的支离破碎的梦，要么便根本不可以。我的这些梦含有大量象征性素材，蕴含着集体性内容。其中有一个梦对我显得尤为重要，因为是它第一次将我引导到了“集体潜意识”的概念上来，并且由此形成了我后来的一本书《力比多的变化与象征》的序。

该梦境是这样的：我到了一所陌生的两层楼房中。这里就是“我家”。我发现自己已经上了顶层，貌似这是客厅，里面配有很多洛可可风格的做工精细的漂亮家具，墙上还悬挂着一些历史悠久的珍贵名画。我感到很奇怪：这里是我的家吗？随后还想着“很不错”，但我随后又想到：我还不知道一楼是什么样的呢。于是我就顺着楼梯走到了一楼。这里的一切东西看起来更古老了，我还想这样的房子都可以追溯到15或16世纪了。屋里的陈设是中世纪式的风格，铺着红砖地板，屋子四周很阴暗。我从一个房间走到另一间，我在想：“是的，我有必要再看看这整座房屋。”后来，我来到了一道厚重的门前并用力将它推开。我在门的对面发现了一条通往地下室的石砌台阶。我走了下去，到了一个带有拱顶的漂亮房间，但显然这房间已经相当古旧了。我仔细观察了四周，发现在普通的大石块之间还砌有几层砖，并且灰浆中也包含着碎砖块。这墙壁属于罗马时代。这时，我的兴趣陡增，于是就更加仔细地观察着地板：地板是由砖片铺制而成，在一堆砖片上有一个环，于是我拉动这个环，砖片抬起来了。随后又见到了一道狭窄的石阶，一直通向地下的深处。我顺着这些石阶向下走，最后进入到了一个低矮的洞穴，是从岩石中凿出来的。这个石洞中的地面上覆盖着厚厚的一层灰土，其中散落着骨头和陶片，看起来就如同原始文化遗物那样。我找到了两个人的头盖骨，它们的年代久远并且已经裂成碎块了。

就在这时，我醒了。弗洛伊德对这个梦最感兴趣的就是那两块头盖骨。他不断围绕这方面进行讨论，并建议我去寻找与此相关的一种愿望：我对这两个头盖骨有哪些想法？那是谁的头盖骨？当然了，我很清楚他讲这些话是什么意思:他想要揭示梦中那隐藏的死亡愿望。“他究竟想要干什么呢?”我在心中猜测着。我又会对谁抱有死亡的意图呢?事实上,对于这样的解释,我很反感。我也是想预见这个梦实质上蕴含的寓意。但我当时也并不能完全确信自己的判断,所以我还是很想听听弗洛伊德的意见,想向他学习。这样,我还是顺着他的意愿,说道,“那是我的妻子和她的妹妹”,不管怎样,我总要说出个能够得到我死亡意图的名字啊!

那时我刚结婚不久,心里十分清楚自己根本没有那样的愿望。但如果我将自己对这个梦的观点告诉弗洛伊德,他肯定不会理解并且会引发更加激烈的反对,没必要那样,我尚不需要与他发生争执。此外,如果我一味坚持自己的看法,我也担心会失去与他的友谊。

我也很想知道他会怎样应对我的回答,假若我说出适合他理论的东西欺骗他,他又将作何反应。于是,我对他撒了一次谎。

我知道自己的行为在道德上是无需受到指责的。但不能让他洞悉我的内心世界,我俩之间存在的思想差异实在是太大了。事实上,似乎弗洛伊德对我的回答反倒是松了口气。我从这件事上也能看出他是没有能力解析此类型的梦的,于是他也就只好从他的教条中寻求帮助了。我认识到:应当由我自己来弄清楚此梦的真正含义。

我明白,屋子所表征的是一种心理图像。换言之,是我在当时的意识状态且是迄今为止存在于潜意识之中的附加品。大厅表征着意识,尽管那是古代的建筑风格,却也有人居住的气息。地板表征的是第一层潜意识,随着我的逐渐深入,景象便变得愈加陌生了,环境也很幽暗。我在那个洞穴中发现的是原始文化的遗留物,那也是我身上存有的与原始人相关联的世界,那几乎是意识无法到达或照亮的世界。人的原始性精神与动物灵魂的心灵相似,恰如史前时代的洞穴在被人居住之前通常是由野兽居住的一样。

我慢慢认识到了自己与弗洛伊德对理智的态度是存有显著差异的。我是在19世纪末于巴塞尔那富有历史氛围的环境中长大的,我读了很多古代哲学家的著作,懂得一些心理学史方面的知识。每当我对梦及潜意识的内容进行联想时,难免要进行一些历史性的对比。在我的大学时代,也是一直在用克鲁格那本旧的哲学词典。我对18、19世纪的作家都很熟悉,这样的世界便形成了我那二楼大厅的气氛。通过对比我得出了论断：弗洛伊德的知识架构源自毕希纳、莫勒斯霍特、杜波依斯、莱蒙德和达尔文。

这个梦表明，我方才进行描绘的意识状态还存有更深层次的寓意：那无人居住的房子、中世纪风格的底层地板、罗马式的地下室以及最后出现的史前洞穴，它们意味着逝去的各个时代及现存的意识阶段。

这个梦给了荣格启示，他要深入地探究他的一层层心理结构。1912 年，37 岁的荣格发表《力比多的变化与象征》，对“力必多”(libido)作出超出“性力”之外的解释，用这个词表示普遍的生命力。这本探讨无意识的书是荣格建立自己的心理学体系的第一部重要著作。在 1913 年与弗洛伊德关系破裂之后，荣格逐渐发展了他自己的心理学理论，称为“分析心理学”，以区别于弗洛伊德的“精神分析学”。

2. 艾瑞克森式催眠治疗

米尔顿·艾瑞克森(Milton H. Erickson, 1901—1980 年)被喻为“现代催眠之父”，是医疗催眠、家庭治疗及短期策略心理治疗的顶尖权威。

他在潜意识操作的研究及实务成就极具开创性，被誉称为至目前为止世界上最伟大的沟通者。心理学学者尊称他为 20 世纪的首席心理治疗师，许多人认为，若说弗洛伊德对心理治疗的贡献在于理论，而艾瑞克森的贡献则在于治疗实务，他所研发的治疗方法已在全球被广泛应用，并公认对许多高效的心理治疗法起着重大的影响。

治疗师与来访者之间的关系，用米尔顿·艾瑞克森经常强调的话说，就是一种合作关系，利用诱导引发来访者的合作。治疗师的任务就是将问题过程重新情境化，从而使得它们成为来访者的发展、成长过程中有价值的解决契机。

在咨询工作中，当我们遇到一些难题时，总会怀疑或担心自己的能力不够强大，无法帮助来访者，而艾瑞克森却能充分地相信来访者自身所具有的改变能力，同时也充分相信自己的无意识的回应能力。接纳了艾瑞克森的这些观点，就会让我们放下很多负担和压力，不去试图强加给来访者任何东西，只要协助来访者学会利用自己已经拥有的技能和资源，通过来访者自己体验性的探索得以改变。

催眠是影响力沟通的典范模式。催眠的一个主要问题是增强来访者的服从性。艾瑞克森学派认为,来访者失去了与自我和他人合作的能力,他们在限制选择的重复模式中迷失,失去了走向改变的内在能力。艾瑞克森郑重地告诫治疗师说:“为了使沟通具有治疗效果,治疗师需要愈加意识到自己所给的信息的效果和所给的信息能够具有的效果。”

艾瑞克森说,催眠只是要求人们在一个特定时间并且在一个特定的时间段内,行使他们在日常生活中的某些功能。你要求人们以他们之前不知道的方式去运用他们经验中的知识和能力……我们大多数人真的不知道我们到底能做什么。

催眠状态的一个主要益处是它可以去除个体的僵化设置,重构或重组自我系统。有意识的、目标取向的活动可以典型地使那些心理定势或者框架显现出来,正是这些心理定势和框架将人的注意力局限在或集中在那些与其内心框架相关的刺激上。

催眠状态的操作要与个体的常态过程保持一致,也就是说,自然的交流才能更好地引发出催眠状态。让催眠中的人回到过去的经验里,只要让人想象儿时的玩伴或宠物、童谣、旋律等就可以了。换言之,进入催眠的来访者可以在一个较深层的自我评价背景下根据经验去连接问题状态背后的各个方面,然后利用种种资源来实现转变性变化。催眠状态可以引发问题,也可以解决问题。

意念交流可以引导出来访者一系列的想法和联想,最终引起行为反应(意念、联想和心理过程以及来访者心中已有的、由此被唤醒的内在理解的结果)。唤醒、刺激受试者内在的、过去的知识和理解。催眠师所做的每一份努力都应该引导受试者的注意力去触及他的内在:身体感觉、记忆、情绪、想法、感受、意念、过去习得的知识和经验。因此,有效的催眠暗示或意念可以激活人们自我认同中已经存在的想法或者特点。

艾瑞克森学派的治疗取向脱离了传统心理治疗的框架,以个别化多层次沟通突破人格理论的限制,并善用来访者的价值观来激发其内在的资源,进而达成治疗目标。也就是利用症状的类催眠现象形成新的富有弹性的催眠现象，即使用来访者保持有限现实的这种模式来扩展出多种可能性。艾瑞克森的治疗取向认为，能自动地或无意识地发挥，就是功能运作最好的时候，这也是指没有意识干预或阻碍。艾瑞克森是“简快心理疗法”的创始人，他用了好多间接手法，就是要尽快达成让来访者在不觉察的状态下改变心理的目的。

艾瑞克森的趣闻轶事法在催眠治疗中被广泛应用。这种方法可以用来诊断、建立关系，同时还可以运用在治疗过程中的任一阶段以达成治疗目标。他强调意识察觉状态和无意识察觉状态。

接下来，摘录艾瑞克森一段经典的催眠诱导语，分享给大家：

当我一直跟你说话时，你的呼吸已经改变，你的心跳已经改变，你的血压已经改变，你的肌肉张度已经改变，你的动作反射已经改变。

现在，你闭上你的眼睛，你觉得非常舒服。

你愈觉得舒服，就愈深入催眠状态。

你会进到催眠状态，深入到你觉得自己的身体都不存在了。

你会觉得只有一个心而没有身体，一个飘浮在空中的心灵，飘浮在时间之流中。

许久许久以前的记忆将会回来，那些你已遗忘多年的记忆。

我的声音将追随你到各处，幻化成你的父母、你的老师……

也会幻化成你的玩伴的声音，你的同学的声音……

艾瑞克森是当之无愧的卓越的沟通者，他的沟通就是催眠，他催眠的诱导过程就具有治疗意义。引用艾瑞克森学派的一句话：作为咨询师，“我们可以利用的工具，就是我们自己”。

为便于读者理解，在此附上我自己给一个叫小敏（化名）的来访者所做的催眠案例。

“好了小敏，很舒适地坐在那，对，可以变换一下坐姿，感觉自己能把身体放松。只要小敏觉得舒适的时候就可以把注意力集中在身体的某个部位……当你把注意力集中在那个部位之后,请告诉我那个部位是哪里。”

(注:集中于自身的某个部位,这种诱导可以使来访者放下此时此刻的症状,从而进入到自我的察觉,这既可以让来访者缓解紧张情绪,又能使来访者关注当下自身的感受,当吸引来访者把意念集中在自己身体上的某个部位时,就将引发催眠状态。)

停顿了一会儿,大概有半分钟的时间,我放慢了语速说,“小敏,睁着眼睛,或者闭上眼睛,这都没关系,重要的是小敏可以把注意力集中到你身体的某个部位,当你集中在那个部位的时候,告诉我。”

我看到小敏的眼睛开始不停地眨动。“很好,小敏可以继续睁着眼睛,也可以闭上眼睛。”当我说完这些话,小敏的眼睛就已经闭上了。

“如果小敏把注意力集中到身体的哪个部位,就可以告诉我那个部位是哪里。”

小敏的眼皮一动一动地,我知道她在想象。

“我想到了胸口”,小敏说话的声音很小。

“很好,能告诉我胸口的感觉吗?”我密切关注着小敏的状态。

“感觉很慌、很热的样子”,小敏把整个身子都靠在了沙发的后背上,头也紧靠在沙发上。

“很好小敏,和这种感觉多呆一会儿……多待一会儿……很好,现在小敏可以慢慢地做个深呼吸,不要着急,慢慢地吸气……呼气……(注:在诱导呼吸的时候,一定要配合来访者的呼吸节奏。)你做得很好,对,在呼气的时候,把胸口的那些慌乱、燥热随着呼出的气流一同排除体外。”

(注:深呼吸可以缓解压力、紧张情绪,同时可以引发更深层次的放松。)

“当把这些慌乱、烦躁都随着气流呼出体外的时候,你会觉得胸口越来越舒适、温暖……越来越舒适……越来越温暖……当你感觉胸口很舒适、很温暖、很平静的时候告诉我……不要着急,慢慢地深呼吸。”

大概过了3分钟,小敏的嘴唇动了动,我知道她已经进入到很舒适、很放松的状态里。

“如果小敏感觉胸口很放松、很舒适……就动一下左手的食指。”(注:来访者一般在放松下来的时候,有可能很难说话,这表明开始进入催眠状态。)

小敏的左手食指动了一下。

“非常好，请小敏保持这种感觉，和这种感觉多呆一会儿……你会发现，随着你的呼吸，你的全身都将和胸口一样舒适、放松……随着每一次呼吸，你都会更加放松……放……松，你会越来越熟悉这种放松、舒适、安全的感觉。”

从小敏的面部、手指和身体的状况来看，她已经进入到催眠状态。

“很好，小敏做得很好，小敏身体的每一个细胞、每一块肌肉都放松下来了……放松下来了。”

（注：无论是成人还是孩子，适当的表扬和鼓励对来访者都是极有必要的。它可以增进咨询者与来访者之间的关系，同时更好地促使治疗与合作。）

“和这种舒适、放松的感觉多呆一会儿……多呆一会儿。”

大概两分钟过去了。

接下来我请小敏想象自己站在沙滩上，“很辽阔的沙滩上，你能看到碧蓝碧蓝的海水……你能听到海浪声和海鸟的鸣叫声。”

“那些海水在你的脚下流过，很清凉……赤裸的双脚踩在松软的细沙上，让你有非常舒适的感觉，阳光照在身上，很温暖……海风拂过你的脸庞，很清凉……你偶尔能看到几只海鸥从头顶飞过……现在耳边还能听到它们的叫声……你越来越放松了……放松了……”

随着来访者进入放松和催眠状态，咨询师通过语言引导，就可以进入来访者的潜意识，从而发掘来访者心理问题的深层次因素，在此不再赘述。

让身体和精神放松也可以采用自我催眠术。如果能请一位催眠师为你做几次催眠，然后练习自我催眠就易如反掌了。即便没有这个条件，只要按程序练习一段时间，也是很快就能学会的。

下面介绍一个以改善睡眠为目的的自我催眠程序：

(1)去掉或松开紧束身体的东西（如发卡、领扣、腰带、护膝、护踝、鞋带等）。

(2) 以最舒服的姿势(以不妨碍呼吸和各部位肌肉放松为前提)躺好或坐好。

(3) 微闭双眼,很自然地做几次深呼吸,呼吸时体验胸部和心脏的轻松、舒适。每次深呼吸后要体验一会儿,感到轻松、舒适后再做下一次。

(4) 顺序放松两脚、双腿、臀部、胸部、双手、双臂、双肩、颈部、头部和面部肌肉。放松某部位肌肉时,先把注意力集中到该部位,默念该部位肌肉"放松、再放松",然后体验一会儿该部位放松、舒适的感觉。待体验到这种感觉后,接着放松下一部位的肌肉。

(5) 输入催眠和醒复指令。

"周身肌肉已经放松,非常舒适,身体轻轻下沉,下沉……"(体验这种舒适和不想睁开眼的感觉)。

"我的眼睛越闭越舒适,不想睁开,不想睁开……(体验眼睛舒适和不想睁开的感觉);"

"我就要睡着了,就要睡着了,会睡得很踏实、很解乏,×点×分(具体时间自己拟定)准时醒来,醒来后身体轻松、头脑清晰、心情愉快……"

"从一数到五,我飘然进入催眠状态,×点×分愉快醒来,一,二,三,四,五……"

自我催眠术的程序大体如此,具体的催眠指令可依催眠目的灵活拟定。

3. 海灵格家庭系统排列

伯特·海灵格(Bert Hellinger)1924年出生在德国,5岁时就立志成为一名神父,20岁时进入一所天主教学校,学习哲学、神学和教育学。1953年,在他取得博士学位后,被任命为神父,派到南非的祖鲁族服务,他在那里生活了20年,之后接受心理分析、完形疗法、原始疗法以及交流分析等训练。他发现很多人的心理纠结皆与其跨越数代的家族成员有内在关系,进而创造性地发展出"家庭系统排列"心理疗法,成为横跨20、21世纪在西方影响力深远的著名心理治疗大师。

海灵格"家庭系统排列"是在老子所说的"道"的运作下呈现的。老子所说的"道"就是规律,是万事万物的法则。"道"始于无,无中生有,而这里的无并非是没有的意思，而是我们感知不到的能量（只有这样才可以完全解释家庭系统排列的一些现象）。无中生有中的“无”所指的就是能量，能量繁衍出万物实相。

海灵格认为，人的感官是有局限性的，就像光谱、色调、音频等有很多是我们看不到、听不到的，而那并不代表不存在。有的时候，当别人在注视你时，即使你没有看着那个人，你也能感觉到他在注视你，这就是能量，目光的能量。日本研究水结晶的江本胜博士所著的《水知道答案》一书中证明，人的意念可以改变水分子结构，这就是人们意念的能量。

（注：此书的试验尚未得到科学证明，但对牛弹琴牛奶多、赏花促进花盛开这样的生活现象是成立的。没有得到证明，甚至现在人类没有发现、没有意识到的规律不表示在自然界中不存在，意识、信息一定会超越于目前的科学。）

海灵格家庭系统排列是以家庭为背景的，以整个家族的能量场来运作的。这个家族的能量场一样是符合“道”的规律（自然法则）。场就像原子一样，会聚集大量信息，就像原子核周边的粒子，这些信息来源于当事人的整个家族。这些信息在场里的汇聚形成这个场的能量。就像宇宙中本就存在的所有信息，在这个特定场的作用下以一种形象的形式呈现出来。

宇宙就是一个存储卡，并以一种特定的规律运作（自然规律）。它储存了所有的信息，包括出生、死亡、政治变革、历史经历，这里的经历所指的是宇宙的经历，包括所有的物质与反物质以及不被人知的万物生灵。

这个宇宙的存储卡被海灵格的家庭系统排列呈现出来了，虽然那只是宇宙存储卡中的一部分，但它最接近人类本身的实相。

当人们的潜意识了解了事实的真相，问题就会在“道”的作用下得到解决。就像农民种地一样，把种子种到地里，排列师就是除草或剪枝的人，而种子会依靠自然的力量生长和成熟，这个自然的力量就是“道”的力量。

简单的语言无法揭示家庭系统排列的真实面目，但主旨就是尊重秩序。领悟了老子的《道德经》，就会更容易了解海灵格的工作。他的工作就是在“道”的规律下以尊重本来的面目去触及人们的心灵秩序。

“道”的本体是不会改变的，“道”的作用则体现为具体的规律，顺应这个法则,一切才能和谐、自然。

看不到的事物太多,就像人们明明活在此时此刻,但内心却感觉不到身边的事物,而只把内心放逐在过去的坎坷或未来的迷茫中,找不到真相。因此,在家庭系统排列里,人们需要用心灵去深层次地感知家庭的动力和爱的流动。

从另一个角度讲,海灵格的家庭系统排列作用于当事人后,当事人的症状就会在当下或未来的时间里得到缓解和改善,甚至有的当事人并不在现场也会有所改变,这很像英国著名的人类学家和民俗学家 J. G. 弗雷泽所说的交感巫术。当对一个亲近的人工作后,另一个人即使远在千里,一样能够受益,因为家族中爱的动力是以系统的方式运作的。

最终来说,海灵格科学是爱的科学。爱涵容万物,海灵格科学亦是如此。爱只有在与促使万事万物发生的“道”和谐一致时,才能够成功。与“道”的思考和谐一致就是爱。爱清楚地了解“道”的移动,了解“道”的运作的方式,以及它是如何被允许发生的。因为这样的爱带着清楚的觉知,并与“道”和谐一致,所以这样的觉知是智慧的洞见,它的发生是受到另一股更大力量的影响。

因此,它也是一种具有创造性的爱,它的创造性与“道”和谐一致。因此,这样的爱也是一种科学,它是一种与宇宙共同运行的科学,它运行在世界的每一个角落。

海灵格的家庭系统排列不仅仅是一种治疗技术,更是一门哲学。序位、爱、纠缠、认同、联结、尊重、真相等都是家庭系统排列的重要概念。通过对家庭系统排列的了解与学习,能让我们的人格更加成熟与完善。

海灵格对中国有着特殊的情感,他认为自己能有如此的成就,与《道德经》密不可分,他说自己的灵魂始终跟随着《道德经》,甚至他还自问自答说:“从某种意义上而言,我是中国人吗?是的,我是中国人。”

在海灵格看来,人的一生有一本自己喜欢的书已经足够,而他最喜欢的一本书就是《道德经》。“只要道存心中,我们不需要别的。我崇尚《道德经》,因为《道德经》是来自于另一个维度的书。”海灵格认为,没有人完全理解《道德经》:“《道德经》是移动的,没有人知道它将带领我们走得多远。因此，我经常阅读《道德经》，我读了一百多遍了，但是我仍然不完全理解它。这个维度是没有任何人可以真的跨过去的。”

海灵格说自己创造的“家庭系统排列”，就是想把大家带到《道德经》所展示的那个维度的世界，“在那个世界里，没有战争，没有输赢，没有对错……在那里，只有无穷无尽的爱，爱是最大的财富。”海灵格认为家庭系统动力是一股来自更高意识的力量，是中国的老子说的道的力量，“这是宇宙间本身就存在的更高意识力量，指引着人们内在移动，我们都活在这种高意识力量的驱动中，这是宇宙的生存法则，人们必须尊重这个力量，如果违背这股力量，家庭、企业、社会都可能遭受一种隐藏的干扰”。

《道德经》就像桥梁，而且是移动的桥梁，可以将人们从这个世界带入另外一个维度的世界，这就是92岁老人海灵格在讲解“家庭系统排列”时反复强调的主旨，而他讲解的方法就是“一个字也不说”。海灵格说：“新家庭系统排列是静默的排列，这样我们所有人都能看到，我们是如何被带入一个生命的共同纬度。这就会是我所将要展示的。”

海灵格认为“家庭系统排列”不需要任何语言去演说，而是自然而然就会展示出来。“我只需要展示出来，我们能展示多少，就展示多少。正像《道德经》，永远没有结束。这就是为什么在我的灵魂当中，我跟随《道德经》。有人说他想和我做一个家庭系统排列，我不去问他的议题是什么、他的兴趣是什么，他坐在我的身边，然后我从其他人中选一个人，我告诉他们要站在哪里，然后突然之间，他们就被另外一个维度所移动了，他们会以一个移动为开始，他们一步一步地被其他的东西所引领，议题对每一个人来讲都清晰了。然后我就停止排列，什么话也不说，我只是偶尔加一点点东西，然后我就停下来，那里有那么多的人，他们都被往这个方向移动了。什么都不用说，我不问他们议题是什么，因为议题通过移动已经展示出来，然后他们和我都被另一股力所移动。好，我认为我讲得够多了。当我还年轻的时候，我总是寻找解决方案。现在我已经放弃很久了。我只是让一些东西显现，仅此而已。然后我后退，让一切按照他们自己的轨迹发展。”

在海灵格看来，家庭系统排列并不是解决问题最终的答案，它只是一个开始，可说是“与心灵同行”或“与道同行”。

4. 萨提亚模式

萨提亚模式又称萨提亚沟通模式,是由美国首位家庭治疗专家维琴尼亚·萨提亚(Virginia Satir, 1916—1988 年)女士所创建的理论体系。萨提亚模式又称联合家庭治疗。家庭治疗是一种心理治疗的新方法,是从家庭、社会等系统方面着手,更全面地处理个人身上所背负的问题。萨提亚建立的心理治疗方法,最大的特点是着重提高个人的自尊、改善沟通及帮助人活得更"人性化"而不只是消除"症状",治疗的最终目标是个人达致"身心整合,内外一致"。

维琴尼亚·萨提亚是美国最具影响力的首席治疗大师,被美国著名的《人类行为杂志》(*human Behavior*)誉为"每个人的家庭治疗大师"。她一生致力于探索人与人之间以及人类本质上的各种问题,她在家庭治疗方面的理念和方法,备受专业人士的尊崇与重视。她发展出许多生动、创新的技巧探索家庭关系,被治疗师广为运用。

在萨提亚模式中,咨询师会学习和体会到许多不同的技巧,如家庭雕塑、影响轮、团体测温,以及用一条白色绳索展现出家庭关系图,显示个人与家庭之间的心理脐带关系。这些活动均灵活地融合了行为改变、心理剧、当事人中心等等各种心理治疗技巧。

萨提亚模式另一极富魅力的原因,是她"凡事皆以人为本位,以人为关怀"的信念。在注重"你和我"的同时,更关心"我们",在这样一个被充分尊重和关心过程中,我们对事业、家庭、婚姻、健康以及个人成长都有了更深层次的感悟和学习,重获并掌握生命的意义,做一个身心一致的人。

萨提亚模式是一种心灵体验过程。最大特点是着重提高人的自尊、改善沟通及帮助人活得更"人性化"(become more fully human),而非只求消除"症状"(symptoms)。她帮助我们认识每一个生命都有着独特的成长脉络,无论旧有的成长模式带给我们什么样的经历和感受,都值得尊重,治疗的最终目标是个人达致"身心整合,内外一致",实现个人潜能的最大发挥。

萨提亚模式是关于:(1)"我自己":内在和谐、做自己的主人;(2)"我"与"另一个人":关系和睦;(3)"我"所处的人际系统(家庭或组织):社会和谐、家庭或组织成员之间和谐、协作、有凝聚力等的学问。萨提亚模式把深邃广博的心理学与人们的日常生活建立起一座桥梁，使每一个人都有机会得到萨提亚温暖且有力的心理支持，达致全新的生命境界。

萨提亚模式不强调病态，而将心理治疗扩大为成长取向的学习历程，只要是关心自我成长与潜能开发的人，都可在这个模式的学习过程中有所收获。通俗的解释，就是她动态地解释人和人在与家庭及社会的互动中所产生的种种问题，这对现代人的生活具有非常明确的指导价值，正是因为这个特点，她的理论不会因为社会与文化的变迁而失去实用性。

萨提亚模式的治疗信念包括如下内容：

(1) 改变是有可能的，就算外在的改变有限，内在的改变还是可能的。

(2) 父母在任何时候都是尽他们所能去做。

(3) 我们拥有一切所需的内在资源得以成功地应对及成长。

(4) 我们有许多选择，特别是面对压力做出适当回应而非对情况做出实时反应。

(5) 治疗需要把重点放在健康及正向积极的部分，而非病理负面的部分。

(6) "希望"是"改变"最重要的成分。

(7) 人们由于相同而有所连接，由于相异而有所成长。

(8) 治疗的主要目标是各人可以为自己做出选择。

(9) 我们都是同一生命力的明证。

(10) 多半的人倾向选择对他而言是熟悉的而非舒适的应对，尤其在压力之下。

(11) 问题(困难)不是问题，如何应对问题才是问题。

(12) 感受是属于我们的，我们都拥有它们。

(13) 人性本善。他们需要找寻自己的宝藏，以便联结及确认他们的自我价值。

(14) 人常重复在他们成长过程中熟悉的形态，即使那些形态是没有功能的。

(15) 我们不能改变过去已发生的事件，只能改变那些事件对我们的影响。

(16) 欣赏并接受"过去"可以增加我们支配"现在"的能力。

(17) 所谓全人性的目标是接受父母也是人,而不是只以他们扮演的角色来相处。

(18) 自我价值是高低呈现在应对的方式上,自我价值愈高,应对的方式愈全人性化。

(19) 人类的过程是普遍性的,因而适用于一切情况、文化及环境。

(20) 过程是"改变"的途径,故事内容形成情境,而"改变"就在那里发生。

(21) 萨提亚模式的主要目标是达到表里一致及高的自我价值。

(22) 健康的人际关系是建立在平等的价值上。

5. 认知行为疗法

认知疗法与行为疗法一般是两种独立的方法,但在实践中我认识到两者内在是一致的,经常可以结合使用,因而在这里把它们放在一起分析。

认知理论认为人的情绪来自人对所遭遇的事情的信念、评价、解释或哲学观点,而非来自事情本身。情绪和行为受制于认知,认知是人心理活动的决定因素,认知疗法就是通过改变人的认知过程和由这一过程中所产生的观念来纠正本人的适应不良的情绪或行为。治疗的目标不仅仅是针对行为、情绪这些外在表现,而且分析病人的思维活动和应付现实的策略,找出错误的认知加以纠正。

行为疗法认为人的行为是后天习得的,既然好的行为可以通过学习而获得,不良的行为、不适应的行为也可以通过学习训练而消除。行为疗法是基于严格的实验心理学成果,遵循科学的研究准则,运用经典条件反射、操作性条件反射、学习理论、强化作用等基本原理,采用程序化的操作流程,帮助患者消除不良行为,建立新的适应行为。

何箐(化名)是一名同性恋者,到咨询中心来寻求帮助,希望通过咨询能够达到以下目标:能更好地处理因同性恋给她带来的各种麻烦,增强学习上的自信心，能顺利地完成大学学业，消除过低的自我评价。

收集临床资料、评估问题之后，在第一次会谈的剩余时间里我用表格的方式向她简单介绍了理性情绪疗法(REBT)的基本理论模型(ABC 模型)。A 诱发事件：同学发现了同性恋倾向。B 不合理信念：一般的不合理信念和具体的不合理信念。

一般的不合理信念：我必须得到赞同。

具体的不合理信念：(1)老师和同学不能用否定的态度对待我。(2)他们那样做，对我来说是糟糕至极的。(3)他们那样做，说明我是不好的。

表格中包括了她的信念(对事物的态度、想法)、情绪和行为，反映了她的不合理信念与情绪及行为反应之间的联系。我向她强调：她可以尝试着把所有问题都用这种表格的模式划分成三部分，即诱发事件 A(如社会对她作为同性恋者的态度、学习压力等)、信念 B(对事件的看法和态度)和结果 C(情绪反应和行为表现)。

在第一次咨询中，我已经对何箐讲过，可以把她的任何问题都放入 ABC 模型中去分解，找出介于情绪和行为之间的信念是什么。

当何箐暴露出她的主要问题时(即她的同性恋身份不被老师和同学所接受时，她感到极端的沮丧和愤怒)，会谈把注意力放在问题背后的不合理信念上。这些不合理信念不仅存在于这个问题之后，同样也存在于被她认为是不公平、不合理和被批评的其他情形下。因此，咨询的基本工作是帮助她提高挫折阈限。

在提高何箐挫折阈限方面的具体工作是：处理每次因学习感到焦虑时就大吃大喝；处理每当想到不能向同学公开自己是同性恋者时就感到气愤。在自我接受方面的具体工作是：处理何箐因被歧视引起的自我贬低，以及为经常缺课，恐怕不能顺利毕业而感到焦虑。

在对何箐后面的咨询中，从分析何箐主要的非功能性情绪、认知和行为入手，经过双方的协商修订了何箐咨询的目标：

(1) 行为目标。

① 学会以更有效的方式与老师、同学及其他反对同性恋者沟通，而不是以敌对的、挑衅的方式对待他们。

② 纠正完美主义倾向及由完美主义而产生的对学业的过高要求。

(2) 情绪目标。

① 降低她在学业和社会困难(因同性恋身份而遭受的困难)方面感到的沮丧和无助。

② 降低由人们对同性恋者所持偏见而产生的愤怒。

(3) 认知目标(须予以纠正的靶目标)。

① 改变绝对化要求:“我不应该总是面对这么多困难,生活不应该如此艰难”(如:别人不应该评判我的爱情取向;老师不应该总给我布置这么难的作业)。

② 改变糟糕至极:“因为我过去的生活一团糟,未来肯定也是这样,我没有什么希望了。”何箐把世上的不合意、不公平视为糟糕至极(这导致了她的愤怒和挫折感)。或当自己的行为不能得到认可和接受时,她也认为那是糟糕至极的(这导致了她的沮丧)。其实,这都围绕着一个中心,即“糟糕至极”,这也是何箐各种不合理信念的核心之一。

在每次的咨询中,咨访双方都会讨论位于何箐的问题背后的信念。按照REBT的原则,我告诉何箐,人的任何一个单独品质或行为都不等同于这个人的全部价值。一个人过去的失败并不意味着将来不能成功。在每次的咨询中,与这些不合理信念争论的结果,是使何箐有了一些相对应的合理信念,并要求她每天至少花10分钟时间强化这些合理信念:

第一,即使我有一些缺点,犯了一些错误,但这并不能说明我不好,我还有许多很好的品质,是一个有价值的人。

第二,尽管过去和现在我都表现得不好,但这并不意味着我是傻瓜,永远不能完成学业。

在经过五次咨询结束后,何箐取得了很大进步,已经不再为繁重的学业、别人的评价感到过分的挫折和气愤。此外,由于不再总是发脾气,与同学的关系也有所改善。她在完美主义方面的要求也大为降低,因而感觉很放松,这种放松的心情提高了她的学习效率,成绩反而有所好转,这种好转又进一步强化了她放松的心境。

在这个个案中,我并没有对何箐的同性恋问题给予纠正,因为《精神疾病的诊断和统计手册》(DSM-IV)中不再把同性恋置于疾病分类中,更重要的是何箐并不认为同性恋是变态的,她认为自己有选择同性恋的权利。注意到这一点很重要,它涉及心理咨询的基本原则。但是,同性恋者在异性恋者的眼中仍然是异常的,由此带来的诸多问题及何箐对此的非功能性认知、情绪和行为模式成为咨询的重点。

在咨询中,对于何箐的每个问题,首先要致力于减轻其面对具体情境产生的过度情绪反应(如愤怒、内疚、自我贬低、焦虑等),然后,再与她一起分析讨论引起问题背后不合理信念的核心是什么,使她能从更高、更抽象的层面上理解情绪反应的来由,有更多的机会确立建设性的适应模式。

6. 生物反馈疗法

该方法是在行为疗法的基础上发展起来的一种治疗技术。实验证明,心理(情绪)反应和生理(内脏)活动之间存在着一定的关联,心理社会因素通过意识影响情绪反应,使不受意识支配的内脏活动发生异常改变,导致疾病的发生。生物反馈疗法将正常属于无意识的生理活动置于意识控制之下,通过生物反馈训练建立新的行为模式,实现有意识地控制内脏活动和腺体的分泌。

最典型的生物反馈疗法是系统脱敏法。所谓系统脱敏,就是逐渐地消除神经症状的反应。当患者面对一种较弱的引起焦虑的刺激时,就让患者产生一种在生理上抑制焦虑的放松状态。当较弱的刺激能够忍受以后,再逐渐增加刺激的强度,到最强的刺激也不能引发焦虑为止。

系统脱敏疗法是 20 世纪 40 年代末期由精神病学家约瑟夫·沃尔帕(Joseph Wolpe, 1915—1997 年)创立的。沃尔帕认为,人和动物的肌肉放松状态与焦虑情绪状态,是一种对抗过程,一种状态的出现必然会对另一种状态起抑制作用。沃尔帕曾在南非工作,后来在美国费城的坦普尔大学继续他的实验和研究。他的著作《相互抑制的心理疗法》于 1958 年出版,本书被认为是阐述系统脱敏疗法的经典性著作。沃尔帕在书中介绍了他运用系统脱敏疗法治疗神经症的临床经验,特别是治疗恐惧症的经验。1961 年,沃尔帕报告用系统脱敏疗法治疗 39 例恐惧症来访者,其中 35 例有效。之后的

20 多年里,曾有 500 例以上的事例证明此法对恐惧症的治疗作用。这种方法也适用于其他以焦虑症为主导的症状。

系统脱敏疗法的治疗原理是抗条件反射(交互抑制)。恐惧症是在个人经验中由于某种外部刺激而引起的情绪紧张。这种刺激与紧张形成了条件反射,因而来访者一想到这种刺激情境就产生了紧张感,为此焦虑不已。

消极的办法是来访者回避感到恐惧的对象,这一做法只能加剧对恐惧对象的紧张感;积极的办法是接触恐惧对象,进而消除对恐惧对象的紧张感。

沃尔帕对系统脱敏疗法进行了如下的说明:当引起焦虑的刺激存在时,造成一个与焦虑不相容的反应,则能引起焦虑的全部或部分抑制,从而削弱刺激与焦虑之间的联系。

也就是说,用放松的方法来减弱来访者对引起焦虑刺激的敏感性,鼓励来访者逐渐接近他所恐惧的事物,直到消除对该刺激物的恐惧感。

系统脱敏的基本原则是交互抑制,即在引发焦虑的刺激物出现的同时让来访者做出抑制焦虑的反应,这种反应可以削弱,直至最终切断刺激物与焦虑的条件联系。

系统脱敏疗法的具体方法:

(1) 深度的肌肉放松训练,要求患者在不良行为反应(焦虑、恐惧)出现时,能适时地运用放松训练进行对抗。

(2) 建立焦虑或恐怖的等级层次,对引起患者不良行为反应(如焦虑、恐惧)的情景刺激作详细的等级划分,并由弱到强按次序排列成表备用。这是进行系统脱敏疗法的依据和主攻方向。

以下是一位蜘蛛恐惧症患者不同的焦虑情景:

情景一:看打印的“蜘蛛”字样的卡片。

情景二:看一幅静止的蜘蛛图画。

情景三:看移动的蜘蛛画面。

情景四:观看园子里距自己 5 米远的静态蜘蛛。

情景五:观看 2 米远蜘蛛的运动。

情景六:近看蜘蛛结网。

情景七：让小蜘蛛在戴手套的手上爬行。

情景八：让蜘蛛在裸手上爬行。

情景九：让大蜘蛛在裸手上爬行。

情景十：拿起大蜘蛛并让它向手臂上爬行。

以上种种情景刺激，显然以情景 1 引起病人焦虑程度最轻微，情景 10 最严重。通常，要求病人配合将这一等级表设计得尽可能准确和详细一些。

(3) 要求患者在放松的情况下，按某一恐惧或焦虑的等级层次进行脱敏治疗。

患者先接触情景 1，令其一边看打印的“蜘蛛”字样的卡片一边进行想象的放松训练，以对抗焦虑。当患者经过反复训练已经不再出现焦虑，或者焦虑程度大大降低时，可进行下一等级的训练，接触情景 2，做同样的放松训练。如此循序渐进。如果在某一等级时焦虑过于强烈，可以退回前一等级重新训练。如果患者顺利通过了所有情景，治疗即告完成。

用系统脱敏疗法除可用实际接触情景外，也可使用图片、幻灯或进行情景想象。

用系统脱敏疗法进行治疗时要掌握以下几点：帮助来访者树立治疗的信心，要求来访者积极配合、坚持治疗；在引起焦虑的刺激出现或存在时，要求来访者不出现回避的行为或意向，这一环节对治疗起关键作用；每次治疗后，要与来访者进行讨论，对正确的行为加以赞扬，以强化来访者的适应性行为。

社交恐惧症是青年中常见的障碍，心理咨询中也不断遇到这类问题。这种心理疾病或障碍可以用系统脱敏疗法进行矫正，下面举出某高校学生心理咨询的一个案例。

某男，26 岁，是北京某大学的一位研究生。他原在外地某大学任教，讲课颇受学生欢迎，气质文静，腼腆，自尊心极强。

过去也有在较隆重的学术讨论场合心情紧张的体验，来北京以后加剧，每当轮到他学术讨论发言时便面红耳赤，自觉十分尴尬。

每次想起这些局促的表现，心中就十分懊恼，深感焦虑。不料想这种情况竟有所发展,不仅在研究生集会时紧张,以后与导师谈话也很紧张,感觉心里慌乱,脖子僵直。为此十分苦恼,不知自己得了什么病,前来咨询。

第一次来咨询室时的谈话较为自然,没有紧张的表现。他向咨询师讲述了自己有关这方面的情况和过去的种种经历。

咨询师耐心倾听并澄清了一些情况之后,指出他的表现一方面与过去某些经历有关(如刚入高中时,老师叫他当众发言,在众目睽睽下,心中甚觉慌乱),另外,他的自尊心过强,生怕在同辈面前言谈不妥丢了面子,从而造成心理上的压力。

咨询师告诉他这种情况在青年中所见不少,只要能按咨询师的建议去做,这种紧张心态是可以消除的。在咨询中,咨询师向他介绍了系统脱敏疗法的基本原理和方法,共同制订了行动计划:

首先,在自己情绪放松的情况下想象在集会中发言或与导师谈话的情景,如无紧张情绪,可进一步参加一些非本系研究生的学术讨论活动,或参加本科生同学的一些活动,这样别人不太注意自己,情绪也不会紧张;其次,在参加本系研究生活动时要转移自己的注意力,不要只想自己,而要注意别人,看他们的言谈举止,观察他们有无紧张情绪……这样一步步适应和放松,情况就会好转。

与导师接触中的心理紧张问题可从想象与导师个别谈话的情景入手,平时也要多与导师在自然的场合中增加接触的机会……紧张情绪就会逐渐消除。

经来访者一段时间的努力,社交恐惧症逐渐被克服,进而能以正常的情绪参加各种活动了。

咨询之“道”在于“心”:用你的心作咨询

随着咨询实践的不断丰富,我越来越觉得,理论取向和流派的确不那么重要,而是“做菜的时候悄悄撒进去的一把调味料”才是最重要的。这把调味料就是治疗师的独特个性、人生智慧、对来访者的深刻的理解和尊重。对来访者的理解和对事实真相的呈现需要专业的训练、良好的技巧和能力,但更需要真诚、尊重、谦卑的态度和不懈的努力，所以我现在对简捷快速的咨询方式心存警惕。

咨询技巧是实用的有效工具，但问题在于我们往往舍本逐末，陷于对快速解决问题、对效果的追求，这其实是为了满足治疗师自己对成就感的自恋需要，而忘记了心理咨询发生作用的基础在于对来访者的尊重、充满人性的关怀、不断增进的理解。

正如老子所言，“故有之以为利，无之以为用”(第十一章)，我们在前面论述了“无”与“有”在心理咨询中的定位和作用，但最终，任何理论也好，咨询之“道”也好，一定都要落实到咨询的过程。

一个好的咨询师，她(他)一定是非常有耐心、非常客观的，在咨询过程中，她(他)会将自我及主观意识放得很低很低，把一颗心“空”出来，全身心地感受来访者，从深层次体会来访者，关心来访者，以来访者为中心。

心理疾病反映这样一个本质：一个人的成长受到了阻碍，以至于陷入一种挣扎而无果、放弃又不甘的状态。心理咨询就是帮助当事人清除阻碍，摆脱无效的挣扎，朝着成长的目标迈进。促进当事人成长，这本身就是治疗，而且是最高意义上的治疗。

真正的心理咨询的发生条件是：咨询师邀请来访者参与他的工作，帮助来访者探索他的问题及其产生的根源，发现和调用他的现有条件(包括自身的潜能和生活的资源)去做出改变，推动他投身于生活的进程，发展自主的能力。

心理咨询，从根本上来说，就是成长的咨询，就是生命的咨询。通过一个心理咨询的过程，我们促进当事人长“大”。当他长大了，他就更有力量了，就可以突破生活的困难，克服成长的障碍。

生命的本质是成长，成长的目标是成为自己。每个人都在努力成为自己。心理症状反映的实质是人受到伤害和阻碍，以至于不能成为自己，便在成长的路上停了下来，在那里挣扎着。心理咨询便是咨询师投身于求助者的生命，跟他们一起战斗，帮助他们重新踏上成为自己的路，虽然可能会受伤，依然执着前行。

“工欲善其事，必先利其器。”心理咨询师便是“工”，心理咨询便是他的

“事”,要做好心理咨询,就必须有“利器”,就是有好用的工具。心理咨询师的工具是什么呢?就是他自己的生命本身。心理咨询师的生命成长,便是一个“利其器”的过程。

心理咨询师要成为真正的医治者,不仅需要专业的训练,还需要有真正的生命品质,而这生命品质中最根本的部分,就是一颗全身心为来访者服务的心。

心理咨询的最高境界就是学习了足够多的咨询技术、咨询方法,然后在咨询中忘掉技能、忘掉方法,与来访者融为一体,让咨询效果“随风潜入夜,润物细无声”。

这正如一名武功绝顶的高手,他一定要先“有”,即学习武功套路;然后,要“无”,做到化各种武功套路于无形;最后,在与其他高手对决中,他是靠“有”还是靠“无”呢?

在真正的对决中,高手的“有”与“无”都已经化为其自身,普通武士靠“有”,绝顶高手靠“无”,而制胜的高手靠“心”。

你的心在哪,“道”便在哪,世界存乎于心。

第四章

《道德经》视角的心理咨询目标：心理健康标准

老子思想，博大之处在于其论述了道和万物，精深之处在于其深刻论述了人，而人是心理学的主题。老子心理健康思想的基本观点的根基是其道生万物的本体论，老子对于什么是人的心理健康的论述，不仅是一个十分庞大而全面的系统，而且其中的关系也是清清楚楚，条分缕析。对于这样一个完美的系统，如同对于道一样，作者不敢说是以自己的理解来对其加以阐述，只能说是将其思想中的已有之义引申过来，列举出其心理健康思想的五个标准。

人与身体的和谐

老子思想根植于“道”，这是老子一切思想的基石，我们研究老子思想一切问题，归根到底，都不能脱离这个基石，研究老子视角下的人的心理健康问题也是如此。

何为人的心理健康？归根结底，就是人的身体健康尤其是脑的健康，二者并无二致，其他的一些现象，只是表象，不是问题的实质，这一点是需要我们承认的。

现代心理学认为心理是人脑的机能，是人的身体的机能，这就是一切关于心理学研究问题的基石。一个身体健康的人，通常具有健康的心理，而一个心理不健康的人也常常伴随着一个不健康的身体。

身体健康，尤其是脑的健康，或者说整个身体系统的健康与人的心理健康是必然联系的，二者不可能独立存在。至于哪个是因，哪个是果，则是一个伪命题，一旦回答，就陷入错误之中。

因为二者原本同时而存在，为何一定要拆开来确定一个是因，一个是果？这就是所谓的学之弊和思之弊，就是失道。

“万物负阴而抱阳，冲气以为和。”（第四十二章）万物都包含着阴、阳两个对立面，它们互相冲荡而达到和谐统一。人的身心和谐，载营魄抱一，是心理健康的最基本标准。

其实，健康本只有一个，我们把身体健康和心理健康二者分开谈，本身就有失误之处，只是为了表述便利才这样。

我们所说的身体健康，这个概念不应等同于医学和生物学上所说的身体健康，而是医学和生物学所不能完全认识和表述的，可以说包含并大于医学和生物学上的身体健康的概念。医学和生物学由于其认识上的局限性，不可能表述到我们所说的身体健康这个层面。

比如有的人有点胖，从医学上讲，这个人可能没有任何疾病，也不缺少任何营养物质，可以说是非常健康的。但在某种文化背景下，他可能就是不够健康的，这会对他的主观心理活动有所影响，还可能会影响到他的人格。因此，我们所说的身体健康甚至可以说成是身体健美，而这种健美感外在表现出来，可以用和谐来形容。

一个心理健康的人，首先表现在他与自己身体的和谐，他能够高度接纳自己的身体，而这种接纳是一贯的，是从他的婴儿时期就开始的。人来到世界上，心理的发展首先是从对自己身体的认识开始的。如果说，人的认知发展是从动作中得来，那么人的人格和性情的发展，就是从婴儿时期对自己身体的认识中得来，而人的人格和性情才是人真正的本质，才会对人的心理健康有所影响。

一个不能接纳自己的人永远不可能接纳他人，一个不爱自己的人永远没有爱他人的能力。心理不健康的人，很多情况下都是由于身体上的某种缺陷造成的，而非单纯由所谓的后天教育与社会因素所造成。

我们不可以把这里的身体健美理解为文学或艺术上的健美，我们所说的身体健美是另外一种意思。老子言，“人之生也柔弱”，何谓柔弱？如杨柳一样，随风而弯曲，变化万千，涌现出美感，是谓柔弱。刚铁，虽统一，但不能变化，是无生命的死物。既变化，又统一，是谓生，是谓和，是谓柔弱。生于柔，死于刚，物壮则老，是为不道，不道早已。

人与自我的和谐

如果说人与身体的和谐是人与他的实体的和谐，是一种空间上的和谐，那么人与自我的和谐就是一种一贯性，是时间上的和谐。人与身体的和谐是一个人对他的本体即身体的认识，人与自我的和谐就是人对他自己的心灵历史的认识，对他自己的成长经历的认识。

人的心理不健康，如果仅局限在心理、意识的范围，根本原因，就是人与自我的不和谐。

人与自我的不和谐就是人与他真实的自我有隔阂、有隔离。每个人的内心深处都有一个真实的自我，就好像一颗种子，给它一定的条件、环境，它就会发芽、生长、繁茂。那个真实的自我就是一个人的核，一个人的一切人格、情感、认知、心理世界都是依据这个核来发展的。

如果一个人的真实自我能够得到自由、良好的发展，那么这个人将会成为一个十分健康、优秀、生机勃勃的人，他将是一个充满爱的人，并非一个麻木不仁的人。他将是一个充满感情的人。这样的人首先是一个情商很高的人，即使他没有受过高等教育，他也是一个十分健康的人，一个获得了自由发展的人。

如果说意识只是冰山之一角，那么人与自我的和谐就是人与他的庞大的潜意识冰山相和谐。人与自我的和谐就是自我与本我的和谐，当自我与本我高度和谐时，他就在事实上达到了超我的境界。

“专气致柔，能如婴儿乎？”（第十章）专一精神以达到一种柔弱状态，能够像婴儿一样恬淡吗？婴儿没有心灵的历史，婴儿的本性就是自我和谐的。

“含德之厚，比于赤子。”（第五十五章）一个人所具有的高尚品德，能像婴儿一样纯真。故而在婴儿与儿童时期人很少有心理健康问题，即使有，也大多体现不出来,而在人的青少年时期之后,会逐渐出现很多心理健康问题。这是因为,心理不健康,一言以蔽之,就是人与他之前的某段心灵历史隔开了。那段心灵历史压抑到潜意识之中,与他的意识产生矛盾。这导致他的心理出现焦虑,表现为心理不健康。

这段经历,往往形成于一个人的幼小时期,因而精神分析的治疗方式就是帮助人把这种隔绝打通,让这段心理历史能够克服矛盾,进入到意识领域,使一个人重新找到自我,获得心灵历史的一贯性。

当人与自我高度和谐时,他的内隐自尊是非常高的,这对于他的心理健康产生着核心意义上的影响。人与自我和谐表现在一个人能十分敏感地觉察自己的感情,并高度接纳它。人的感情来自于一个人的自我,而一个人的自然之我、朴素的我,是与道一体的。

人的心理健康问题与其说是一种认知上的问题,不如说是一种心智上的问题。人的心智就是人的感情能力。一个感情能力良好的人,善于调节和管理自己的情绪,他很少会有心理健康问题。即使遇到挫折,也会发生"动心忍性,增益其所不能"的效果,这其中根本的原因在于他的自我的坚强,在于他的自我统一与和谐。人与自我的和谐最大的表现,不是他与那个心理自我此时此刻和谐,而是时间上的一贯性,可以说,自我就是历史。当一个人此时此刻与自我高度融合时,就无所谓自我的问题了,他的心灵历史是如此的具有一贯性,以至于不可以把它分开。

正是因为一个人有与他的心灵历史的种种分开,才有所谓自我的问题。从这个意义上说,任何一个普通人和他的自我都有一种分开,大部分人都不可能回忆起其三岁以前的心灵历史。三岁以前的历史,对于每个人来说都是他人生的后花园,也是整个人类历史的后花园。可以说人与他三岁以前的历史的隔开,是一切社会现象的本源。

如果一个人能够完全地回忆起三岁以前的历史,那么这个人则是不圣而圣,内圣外王,他是很难发生心理健康问题的。不仅是他个人的经历,即使是社会制度也不会对他的心理健康产生影响。正所谓"为天下豁,常德不离,复归于婴儿。"(第二十八章)安于卑下的地位,却不背弃高尚的品德,就能恢复到无求无欲的最初状态。

老子思想有着丰富的心理学底蕴，以自我为落脚点。荣格的对立统一性心理学从本质上说与老子思想是一致的。

从《道德经》中我们可以看出，老子所言的自我是返璞归真的自我，是与现代的自我相反的，是自然自我、最初自我，而现代的自我是社会自我。现代人大多没有自我感，受官场文化和现代物欲的影响，太多地关注别人眼中的自我，而绝少人有自然自我的意识。

"圣人抱一为天下式"（第二十二章），圣人能够遵循着道的原则并与其保持一致，从而成为天下人学习的典范。何谓抱一？体现在心理上，就是本我、自我、超我的和谐，就是人与自我和谐，就是他的心灵历史具有良好的一贯性。与自我和谐，不仅是老子所谓的圣人的标准，也是每一个心理健康的人的标准。因为老子所谓的圣人就是指人的天性充分延展的人。

人与自然的和谐

人与身体的和谐、人与自我的和谐是心理健康的两个内隐的标准。尤其是人与身体的和谐内隐最深，可以说，不得道、不明道，甚至不成为圣人，就不能理解人与身体的和谐的精深之义。

人与自我的和谐也是一个比较内隐的标准，一个人与他的自我和不和谐，不仅外人无从知晓，就是他自己也是处在意识和无意识之间，不能十分明了。如果说人与身体、人与自我和谐都是人内部的和谐的话，那么人与自然的和谐就是人与万物的和谐之始。

人与自然的和谐，这个标准处于内隐与外显之间。一个人是否与自然和谐，外人无法知晓，但他自己可以意识得到。

人自从与他的母体分离，降生在世界上，就开始与大自然发生相互作用。"天地不仁，以万物为刍狗。"（第五章）天地没有偏爱，视万物如祭祀时用草扎成的狗。这样的状态下，一个人就成为大自然的一分子。不仅他的身体需要自然之物来哺育，他的心理也需要借助自然之物来发生，世界万物，耳得之而为声，目遇之而成色。人与自然的和谐更多的是发生在人的婴儿时期,这个时候人的语言还没有形成,人的认知也没有发生,人的一切心理都依赖于感性认识,人与他人还没有过多的交往。

这个时候如果他可以受到良好的照顾,满足他的温暖和口腹的需要,他的环境比较安静祥和,他的心理就比较容易得到健康成长。

如果这个时候他的某种需要得不到满足,那么在他的成年时期容易发生某种心理疾病,他有可能会对某种外物过分需要,也有可能会对某种外物过分焦虑,这都不是人与自然和谐的表现。

人与自然和谐不仅体现在人的身体机能正常,即人能够正常地感知外部世界,也体现在人的心理习惯和行为习惯合乎自然规律,如人能够日出而作、日落而息,不会失眠。人能够已饥方食、未饱先止,不会贪食、厌食。"五色令人目盲,五音令人耳聋,五味令人口爽。驰骋畋猎令人心发狂,难得之货令人行妨。"(第十二章)这些都不是人与自然和谐的表现,是失道的表现。

人与自然的和谐还体现在人可以正确看待生、老、病、死的自然规律,不为所扰。埃里克森将人的发展划分为八大阶段,有的人就容易在这些阶段的转换之中发生心理健康问题,不能顺利地完成转换。

比如一个青年不能顺利地完成从童年、少年的心理特征到青年心理特征的转换,这是因为他不能正确看待生的自然规律,不愿意成长。比如有的女性不能正确看待衰老,不能理解衰老之美,在更年期中,会因为自己的红颜逝去而心情抑郁。比如有的老人不能正确看待死亡,有焦虑心理,甚至讳疾忌医。这些都是心理不健康的表现。

人与自然的和谐还体现在一个人能对自然万物有最基本的关心和爱。人生一世,草木一秋,人不能悲天,何能悯人?人对待万物不能只有科学的认识态度,还应有人文的关怀情结。

有的人对动物不尊重,虐待动物,也不能说是一个心理健康的人。一个心理健康的人,能够齐万物、齐物我,爱万物如同爱我,爱我如同爱万物,他不会失去爱的能力。圣人"常善救物,故无弃物"(第二十七章),总是善于关爱运用万物,所以没有被废弃的事物。施与就是获得,人的心灵资源不是越用越少,而是越用越多。

“人法地，地法天，天法道，道法自然。”（第二十五章）社会要效法地的规律而发展，地要效法天的规律而运行，天要效法普遍规律而存在，普遍规律要效法自然规律而恒久。人与自然的和谐，虽然看似与人的心理健康关系不大，却是一切和谐的中间环节。人与自然的和谐，不仅是一个人身体健康的表现，也是其心理健康的表现。

人与他人的和谐

人与他人的和谐是心理健康的第一个外显的标准。一切心理健康问题，都会体现在人际关系的不和谐上，一个心理不健康的人，很难有和谐的人际关系。

当一个人与他人不和谐时，实际上他内隐的前三个标准，与身体、与自我、与自然万物的和谐都已经出现了问题。

“知人者智，自知者明。”（第三十三章）能够了解别人的人是聪明的，能够了解自己的人则是明智的。人不自知，何能知人？人与他人的和谐是心理健康的一个重要的标准，因为其外显性，常用来衡量心理健康的程度。

人是一个社会化的动物，是不可以独立生活的。人与人的和谐虽然体现在人与家庭亲人、人与朋友、人与同事等方面，但人与人的和谐，有一个共同的特点就是人能够很好地了解自己、了解他人。

很好地了解自己，先决条件就是人能够与自己的身体、与自我、与自然万物和谐。事物的和谐运动，在于它的统一。人如果不能克服自己内部的矛盾，那么就谈不上了解他人。

如果一个人踽踽独行，落落寡合，说明这个人的心理是不够健康的，他有内部的矛盾不能克服。

当人与身体、人与自我和谐之后，可以说他已经克服了自己内部的矛盾，具备成长的条件了。当人能与自然万物和谐时，说明他已经有爱的能力了，这时候他就必然地会和他人产生和谐的关系。

一个心理健康的人善于处理自己和他人的关系，体现在很多方面。比如,他能够以平等的态度待人,不会把自己看得过高。“不自见,故明;不自是,故彰;不自伐,故有功;不自矜,故长。”(第二十二章)他不会过分自满,而是保持虚心的状态。“古之善为士者,微妙玄通,深不可识。……旷兮其若谷。……保此道者不欲盈。夫唯不盈,故能蔽而新成。”(第十五章)古代那些懂得循道而行的人,其思想细致入微、深邃博大,深刻得难以形容。胸襟开阔,就像那深山的旷谷。奉行道的人,办事总会避免过度。正因为能够适可而止,所以能够有所宽容,而不去强求无法达到的成功。

他会适当地保持自信和自爱,并以他的自信和自爱来影响他人。“虽有荣观,燕处超然。”(第二十六章)即使有奇观美景,也安闲而居,超然物外而不为之所动。“善者,吾善之;不善者,吾亦善之。”(第四十九章)善良的人,我会善待他,不善良的人,我也以善意对待他,结果就会使他也变得善良。他不以自我为中心,而善解人意。“圣人常无心,以百姓心为心。”(第四十九章)圣人没有一般人的私欲,而是把百姓的愿望作为自己的愿望,他不会有过多主观的作为和欲望。

“是以圣人无为故无败,无执故无失。……是以圣人欲不欲,不贵难得之货;学不学,复众人之所过,以辅万物之自然,而不敢为。”(第六十四章)圣人不强力妄为,因而不会失败;不随意占有,也就无所损失。因此,圣人想得到的东西是一般人不感兴趣的东西,他们不看重一般人所贪求的货物;圣人学习的东西是一般人不愿接受的,并以此来补救众人的过错。

“圣人不积,既以为人,己愈有;既以与人,己愈多。天之道,利而不害;圣人之道,为而不争。”(第八十一章)圣人从不积攒财物,他总是倾尽全力帮助别人,由此,他自己却愈发富有;把一切给予了别人,他自己反而更加充实。天的运行规律是施利于万物而从不伤害它们,圣人的处世准则也是只帮助别人而绝不与人争夺。一个人不会过分苛求自己,而是以他自然诚朴的心性来待人。因此,便达到了“上德无德,是以有德”(第三十八章)的境界,真正崇尚美德的人并不去炫耀自己的美德,所以他才保持了美德。

这一切的特点,总的体现就是和谐。何谓和谐?交融是谓和谐,对立就是不和谐。

人如果过高地看待自己,如果过分自满自大,如果不能很好地理解他人，如果有过多的欲望和作为，如果不能以诚信待人，怎么能与他人交融？这一切只会产生对立的结果。

一个心理十分健康的人，最终的目标就是实现与人的交融，实现与人的交融则又会产生新的生命。和乃生，万物于是生于交融，生于和谐。

家庭婚姻就是人与人交融的最基本体现，就是和谐的最基本体现。于国家与社会而言，家和则国和，国和则天下和，天下和乃生生不息。

现今人类生存和发展的主要问题，无非是如何正确认识和处理人与自然的关系、人与人的关系以及社会个体的身心健康和安身立命的问题。

"上善若水。水善利万物而不争。"（第八章）道德高尚的人像水一样。水具有施利于万物而不与万物相争的美质。水最大的特点就是互相交融，流动变化。君子如果能有水的品性，善于与人和谐相处，是他心理健康的最高标准。

人与社会的和谐

虽然社会和谐，从某种意义上说，不能算作是个人心理健康的标准，但是"大道氾兮，其可左右。"（第三十四章）万物因交融而存在，大道是如此的无所不至，是如此的完满又不完满，因此，我们不应该舍弃这一条标准，我们也应当阐述社会的和谐与个人心理健康之间的关系，并把社会的和谐列为个人心理健康的一个标准。

心理健康由内隐而外显，最后达于顶点，就是外显为社会的和谐。社会和谐是个体心理健康的最为外显的一个标准。社会和谐不仅是群体中个体心理健康的体现，也影响着每一个个体的心理健康。

心理健康这个概念来自于西方，早在很多年前，美国心理学家卡伦霍妮就曾指出西方资本制度的竞争性带来的压力，是导致人疏离自我、产生心理疾病的根源。那么在封建时代，人就没有心理健康问题了吗？

封建时代，人与人之间往往形成一个个相互隔离的群体，因而那时的社会是十分隔离和不和谐的。那时的人也有心理健康的问题，只不过因为整个社会的隔离和不和谐,种种心理健康问题不能表现出来,不为人所关注。

在西方资本主义时代,社会由相互隔离到相互交融,在这个过程中,会表现出很多心理健康问题。

虽然社会日趋向更加和谐的方向转变,但是在这个过程中,也会出现很多心理健康问题。因为在这个过程中,社会虽然逐渐开放,但是又会有很多的竞争,故而会出现很多不和谐的问题,体现在个人身上,就是人的心理不健康。

我们国家的社会制度和传统文化不同于西方国家,比西方国家应该更有利于建设和谐社会。建设和谐社会不仅是我国社会制度的要求,也是维护我们每个人心理健康的重要途径。

由老子的观点看,如果社会不和谐,那么每个人也难以独善其身,既不能实现个人身体的健康,也不能实现心理健康。因此,社会和谐也是个人心理健康的一个标准。

“天下有道,却走马以粪;天下无道,戎马生于郊。”(第四十六章)如果天下无道,兵戈相争,那么即使是怀胎的母马也被征集来用于战争,而小马则生于战场,更何况普通百姓呢?现代社会虽然不再有大规模的战争,但如果人们生活艰难、竞争激烈、忧虑未来,社会环境又怎能和谐?出现心理问题也是必然的。

“其政闷闷,其民淳淳,其政察察,其民缺缺。”(第五十八章)为政者处事宽和,人民就会变得淳厚、朴实。为政者政策苛刻,人民反而会变得狡诈。社会和谐是个人和谐的最外显表现,也是个人和谐的最基本条件。

在老子的观点看来,人的心理不健康根本原因不在于个人,而在于社会。个体的原因在于整体,这是老子哲学的基本观点。在老子哲学看来,心理不健康的内涵是社会失道的表现,这是老子心理健康思想的根本观点。

如果社会不和谐,人心中充满了争、斗、有为,那么人就难以与他人和谐。人就会有过多的物欲,创造的财富越多,人越会有盗贼之心。向自然索取过多,与自然难以和谐,也会越来越失去诚朴天然的良知,与自我疏离。

因此,社会和谐就是个人和谐,个人和谐就是社会和谐。社会和谐是个体心理健康的一个标准。

第五章

主流心理咨询理论与《道德经》的契合点

专业的、狭义上的心理治疗(心理咨询)应该是从弗洛伊德、荣格开始,至今不过一百多年的历史。以后陆续出现了行为疗法及人本主义治疗,被归纳为20世纪心理治疗(心理咨询)的三个"思潮"。近百年来,日本在结合传统文化的基础上,也发展了一些本国的心理咨询方法,如森田疗法、内观疗法等,使心理咨询不再成为西方的"专利"。

心理分析是把潜意识的事情挖掘出来,访者了解自己的"病源",改变认知,消除症状。行为疗法则是通过强化或消除某些行为来间接地改变病人的认知。人本主义疗法则通过反复回忆、思考、报告某些经验(治疗的对象或靶点)来提高自己的认知,主要是启发来访者自己认识和解决问题。

荣格与《道德经》

卡尔·荣格是瑞士著名的心理学家和精神病医生,精神分析学派的巨擘,分析心理学的创始人。荣格以一种兼容并包的胸怀,致力于东西方文化的整合。在所有的东方文化中,荣格以其独具的慧眼,对中国传统哲学进行着特殊的理解,并且尤为推崇中国的道家文化。从某种角度看,荣格几乎是在用"道"来诠释他的心理学思想,其分析心理学理论无不闪烁着老子智慧的光芒。

荣格是西方心理学界第一个系统研究东方心理学思想的心理学家,曾将中国文化作为其心理学研究与发展的"阿基米德点",并认为这一源自中国的阿基米德点足以动摇西方学者对于心理学的态度。博大精深的东方智慧与西方心理咨询理论与方法的结合,建立适合中国人自己的心理咨询理论,有助于促进心理学发展的本土化进程。

荣格的人格结构理论与老子思想的一致性

1. 整体性

在老子那里,整体性是"道"固有的特点,是它的原初特性,又是它的归宿。老子"道"的整体性甚至到了不能言说,否则就会遭到破坏的程度。"道"是先天地而生的混沌之物,它"惟恍惟忽""视之不见""听之不闻",却又"有象""有物""有真""有信",也就是说,"道"没有具体的形状,也没有一定的形象,非感觉所能把握,但它又是真实的,是实体性的存在。它超越具体时空,似有非有,似物质而又像精神。这对于习惯了把世界分为物质和精神的西方人来说是一件很麻烦的事,因为他们无法从中判断出"道"到底是物质性的还是精神性的,但正因为如此,才更显示出"道"之笼统的整体性,"道"就在这似有非有、似物质而又似精神中存在。

对于"道"的这种不可分的整体性,老子曾借用一系列的词来进行说明:朴、无物、无极、婴儿……原初未动之木为朴,浑沌之境为无物,无穷无尽为无极,人之初生为婴儿。这些都是事物的本然状态,代表完整无缺的自然的存在本体,这种整体性是不可分割的。

荣格对此极有同感:"'道'可以是任何东西。我用另外一个词来指称它,但仍嫌这个词不够味。"他极力赞赏东方人的整体观,因为"当东方人察看由很多事实组成的集合体时,他们是将其作为一个整体来接受的,而西方人的思维却将其分解为很多实体与微小部分"。因此,当他建构东西合璧的心理学理论体系时,首先就贯彻了"道"的整体性原则。

荣格的主要观点可以概括为以下几个方面:

首先,人格是意识和无意识结合构成的有机整体。在分析心理学体系中,人格被称为"精神"或"心灵"(Psyche),而心灵的概念就确定了荣格关于个体从一开始就是单一整体的思想。心灵是一个运动着的整体,它始于一种混沌未分的统一状态,具有原始统一性。然后,在各种不同的条件下,它会发展成为一个各方面都得到充分分化，同时又保持着内在统一性的整体。这个整体不是各部分的简单相加，而是一个有机的整体。因此，他说，人类根本就不需要为获得人格完整性而奋斗，因为他与生俱来就有这种完整，在一个人的整个生命过程中，他要做的就是终其一生想方设法地保住这份固有的人格完整，并使之达到和谐。正是为了说明这份完整，荣格认为，心灵包括一个人所有的思想和行为，不管它是有意识还是无意识。因此，他的人格结构理论既包括人们所熟悉的意识，也包括那神秘莫测的、拥有半个世界领域的“幽暗表现”——无意识，他的心灵结构包括三个相互作用的系统和层次：意识、个人无意识和集体无意识。

在荣格看来，心理学是一门关于意识的科学，而意识，恰好是无意识心理的产物。无意识比意识似乎更值得重视。因为无意识统辖的领域较意识广大得多。正如他的一个比喻：意识只是海面上飘浮的某个小岛，无意识则是这个小岛周围广阔的海洋。一方面，人类生活的五分之一、三分之一甚至二分之一都是在无意识状态中度过的；另一方面，意识也是不可缺少的，性质上完全不可知的无意识必须通过意识并根据意识的术语来加以表述，没有意识，人们便会深陷在无意识的海洋里而不能自拔。因此，任何一个人的人格都是意识和无意识相结合的产物，“有”“无”结合才能构成有机的整体。

其次，意识、无意识内部也存在着不可分离的整体性。荣格花了很大的精力来说明个体人格层次的完整性，而在分析每一个层次的内容时，他仍然坚持其整体性的观点。

荣格认为，意识是以“自我”(ego)为中心而形成的一个小的结合体。“自我”是意识的门卫，“如果某物不是关涉到自我，那它就还未被意识到”。他还以为，“自我”是意识的一种情结，总是处于个体的注意和欲望的中心，也就成了意识“绝对撇不开”的中心。“自我”就像磁石一样具有巨大的吸引力，从内部领域与外部世界吸取各种内容和印象，使之成为意识。如果“自我”分裂了，意识也就变成了碎片。

集体无意识(collective unconscious)概念，是荣格对心理学最大的贡献，是荣格分析心理学理论的核心。通过对宗教和神话心理学的研究，荣格发现，在人的精神世界，还有另一类无意识内容，这种无意识是在漫长的历史演化过程中沉淀于人类心灵底层的、普遍共有的人类本能和经验遗存。荣格认为,“集体无意识是精神的一部分,它与个人无意识截然不同”。如果说个人无意识属于心理相对表层的东西,集体无意识则是心理的深层结构。这就说明,即使在无意识内部,也存在着不可分离的整体性。

再次,人格特征也具有完整性。荣格描述了心理的四种功能:感觉(sensation)、思维(thinking)、情感(feeling)、直觉(intuition),并根据这四种功能的主导地位,将人分为感觉型、思维型、情感型和直觉型四种不同的人格类型。

对于这四种功能,荣格指出,它们是以一个整体在发挥作用的。某一类型的人如果只有一种功能起作用,那么任何真理都建立不起来。“当你思考世界时,你只对这个世界作了四分之一的事,而其余的四分之三却可能反对你。”他进一步分析说,感觉是感官的功能,它是一种“实在的功能”,告诉人们某物在。但直觉却是对过去或将来事物的预感,它使人看见实际上还看不见的东西。人的感觉做不到的,直觉却能做到。思维是用来评价事物的正确与否,情感却判断和确定事物的价值,它们也是相互对立的。“一个人在思维上完美无缺,那他绝不会在情感上也如此,因为两者不可同时得兼而总是互相妨碍。”

2. 辩证性

老子认为“道”是运动的,“道”的运动是向着相反的方向转化。“反者道之动,弱者道之用。天下万物生于有,有生于无。”(第四十章)“祸兮,福之所倚,福兮,祸之所伏”(第五十八章),祸中隐藏着福的萌芽,福中埋藏着祸的种子,祸福可以相互转化。事物在发展过程中不会直线前进,到了一定限度就会转向反面,这就是物极必反。荣格在对人格进行分析的过程中也渗透着对立统一的原理,体现了老子“反者道之动”的辩证思维。

“无物不反”,是“道”的法则,荣格也认为“无物不反”是与心理学的经验相符合的。“假如我们仔细审察我们的性格,不免会发现老子所说的确实有道理:‘高以下为基’,对立的双方互为条件,它们原本即为一体。”

荣格特别欣赏中国古代表现“道”的原理的太极图,“一边是白底带一黑点,另一边是黑底带一白点。白底的一边是热、干、亮,为南极;黑底的一边是冷、湿、暗，是北极”。这种阴阳两极对立的原则，正是一种原型意向。当这种对立被无意识搅在一起时，就变得不可分辨，渗透出对立物的完全统一。

他继续补充道，“理想的状态被称为道，它就是天地之间的完美和谐”。他认为对立物的完全统一是事物的原始状态，同时也是最理想的状态。所以，他的理论中也处处渗透着对立统一的辩证思想。

与老子的“道”一样，荣格关于心灵的对立统一思想首先也来自于“有”和“无”。在其人格结构理论中，意识和无意识就是一对相对的概念。意识是指个体心灵中能够直接感知的部分，是瞬间视象的有限领域；无意识的内容则是未知的，其领域广大并且总是处于持续的运动中。这一对立概念的象征分别是日和月——太阳和月亮——一个表示意识的白昼，一个表示意识的黑夜。那么，在此，意识相当于老子的“有”，无意识则为“无”；意识为“阳”，无意识则为“阴”。这两个对立面是同时存在于每一个人的人格中，即“意识的阳光与无意识的阴影同时存在”。

恰如老子主张“有生于无”“有无相生”，荣格也主张意识最初来源于无意识，无意识当中的很多内容也来源于过去的意识。他说：“最初是从无意识状态中呈现出来，我们的早期童年是无意识，天性的最重要的功能是无意识的，而意识不过是它的产物。”“一切都是关联的，并没有确定不变的无意识这种东西，无意识只是在某种条件下才不呈现于意识。”

荣格在他的《心理学的现代意义》中对此曾有过精辟的概括：“在中国的古典哲学中有两个相反的原则：代表光明的‘阳’和代表黑暗的‘阴’。据说，每当一个原则到达其力量的顶点时，与之相反的原则就像种子的胚芽一样萌动于其中。这是对心理中内在的对立互补原则的另一种特别形象的表述。”这正是老子的“反者道之动”“有无相生”哲理的心理学证明。

“一阴一阳谓之道。”老子认为构成世界的万事万物都是两两相对的，形成一种对立关系，对立双方彼此以对方的存在为条件，失去一方，另一方便不复存在。反过来，如果一面膨胀，必然以消耗另一面为代价，导致事物走向极端甚至反面。老子思想的精华部分就是其相反相成的辩证思维，荣格的心理类型划分也体现了老子相反相成的辩证思维。

生命的意义在于复归于“道”和“天人合一”

表面看来,老子的“道”似乎是一种宇宙本原论,但实质上却是一种人学性质的哲学。老子以“天道”寓“人道”,以自然之“道”为逻辑出发点来探讨人的生命价值的开发和人与自然的整体和谐。

在老子看来,“道”是一种平衡、自然而且和谐的结构,大自然也是一样。自然中的万物在自然而然、周而复始的运作之中,依自然法则自行生化运作,物物之间互不相扰。“故道大,天大,地大,人亦大。域中有四大,而人居其一焉。”(第二十五章)相对于宇宙这个大系统而言,人只不过是其中的一个小系统,只能和其他万事万物一样依“道”的规律来作为,而“道”本身自自然然,它既没有为什么,也不是为什么,无始无终,无前无后,生生不息。老子认为人之生命的自然本性是“见素抱朴”“质真若渝”,它没有后天人为的矫饰加工,没有刻意的造作。人作为自然的一个小部分,应该回归自然,以原初天然的自然本性去迎合宇宙的大道,与自然融为一体,达到天人合一。

荣格极为崇拜老子这位道家学派创始人,将他说成是中国古代的“大智大慧者”。晚年时,荣格还一度隐居山林,身着“道袍”,体验着“道”的生活。在这样的氛围中,他越来越认同于老子的“道”的复归。他赞赏道:“老子是有着与众不同的洞察力的一个代表性人物,他看到了并体验到了价值与无价值的本质,而且在其生命行将结束之时,希望复归其本来的存在,复归到永恒的意义中去。”在这里,“本来的存在”和“永恒的意义”固然代表了老子哲学中的“道”,其实也可以理解为荣格分析心理学中的“自性”。

1. “自性实现”即是复归于“道”

荣格认为人的心灵自然本性是一个原初和谐的整体,它类似于“道”之原初和谐。这种和谐的“自性”既是人格发展的出发点,也是人格发展的归宿。人格发展的最高境界就是“自性实现”或“自性圆满之境”。它体现了荣格对天人合一的向往,对回归精神家园的渴求。

在荣格的分析心理学中,“自性”是同样处在混沌之中的集体无意识的核心。它既是人格发展的开端、源泉,但同时也是终极目的。如果说在从“道”的混沌经过分化、整合到达成新的统一是“道”的复归,而在人格的开端到目的的过程中，也存在着前进发展的连续性，这个过程被称为个性化过程(individuation)。

个性化是荣格关于人格发展的关键性概念，它是指在意识的指导下，使意识的心灵与无意识内容融洽地结合为一体的过程。它与意识同时开始，并随着意识的增强而达到更高程度的层次，其最终目的是人格发展的方向。

荣格认为，当个体的生命处于一种混沌未分的状态时，意识还未出现，最初的绝对无意识也是尚未分化的。但在个性化过程中，分化是一个必不可少的步骤。不经过分化的心灵永远都只能停留在黑暗的混沌之中，停留在原初状态。

老子的“道”要实现最终的复归也必须经过分化，一分为二，才有可能实现阴阳和合。如果说老子通过复归于“道”而发现了生命本来存在的意义，寻找到了理想中的精神家园；那么，荣格追求生命本来的存在及永恒的意义，关注人的自然本性，通过“个性化”和“自性”两个关键概念也回归自己的精神家园。这就在最终目的上，走上了一条与老子殊途同归之路。

2. 人格的“自性实现”就是“道”之“天人合一”的追求

荣格认为，人格最初就是一个混沌的整体，它具有原初和谐性。他把它称为“自性”(self)，即自我的本性。与“自我”相对立的“自性”概念集中体现了荣格对人类精神人格所持的统一性、完整性以及超越性的观念。它代表精神人格的统一和谐、心灵各组成部分的圆融整合和生命的自然倾向。

在荣格的理想中，“自性”赋予生活以意义，为人格确定方向，是人性所要达到的圆满之境(selfhood)。一切人格的终极目的都是要达到一种自性的圆满之境和充分的自性实现(self-realization)的境界。

荣格是非常重视并向往这种自性圆满之境的。他认为这种境界已经完美到几乎无法用语言来描述，它“超出了我们的理解力，它同样也可以被称为‘我们的上帝’。”达到了这个境界的人当然不是普普通通的平常人，他们“不是站在险峰绝顶之上，就是立足于世界的边缘；他们面对着未来的深渊，头上是浩瀚的苍穹，脚下是整个人类及其一直消隐到原始迷雾中去的全部历史。”他们既有着清楚的意识，了解他们现在和未来要面临的一切，又能轻松地控制自己的无意识。他们将意识与无意识结合起来，用意识的阳光照亮无意识的黑夜,使人格成为一个和谐的整体。他们不会神经紧张,心烦意乱,也不会有严重的心理冲突,更不会精神崩溃。他们是荣格所谓的“现代人”。

这种人就像老子心目中的得道者,他们禀赋异常,像婴儿那样无知无欲,自然纯真,专心致志守住精神;像古代的真人,生活淳朴,心境平和;像名山上的神人,心静神定,乘云气驾飞龙,游于四海之外;又像现实生活中的智者,体悟大道,用一双慧眼关注着人类的生存。实际上,他们内外专修,与天同一。

由此可见,荣格理想中的“自性圆满”之境正是老子“道”之“天人合一”的最高境界。

罗杰斯与《道德经》

美国著名心理学家卡尔·罗杰斯(Carl R. Rogers, 1902—1987 年)创立的“以人为中心心理治疗(person-centered psychotherapy)”流传广泛,影响深远。罗杰斯心理治疗思想不仅在西方心理学界和心理治疗(心理咨询)领域中占据着重要地位,而且对当代中国的这个领域也有着重要影响。

“人贵论”是两者的共通点

罗杰斯心理咨询思想中的某些方面,可以追溯到老子哲学,两者间存在着相同或相通之处。特别是老子哲学中的人贵论、无为思想,在罗杰斯心理咨询思想中均有体现。埃德蒙德·赫姆森(Edmund Hermsen)指出,罗杰斯对道家思想有其个人水平上的接受。日本学者野岛则认为,罗杰斯的思想和老子思想有共同之处。

罗杰斯心理治疗(心理咨询)的根基是人。他“强调人不只是以某种角色身份出现的,人是一种完整的实在,是相互作用的统一体”。从这个“人”出发看人生、社会,就会引发出自我(self)、现象场(phenomenal field)、机体智慧(organismic wisdom)、机体评价过程(organismic valuing process)、实现的倾向(actualizing tendency)等重要概念。在其心理咨询的方法论中,则涉及真诚(genuineness)、无条件积极关注(unconditional positive regarding)、共情(empathy)或共情性理解(empathic understanding)等。他认为,“假使我不强加于人,他们就会表现出自己的本性”。

“故道大,天大,地大,人亦大。域中有四大,而人居其一焉。”(第二十五章)。在老子看来,宇宙中有四种东西是最主要的、关键性的,而人的价值占了其中之一。这实际上也是罗杰斯“人贵论”的基础。

对人的尊严和价值的充分肯定,甚至在罗杰斯所述的对咨访两者身份界定上也得到体现。他认为,咨询或治疗是两个人的心理接触或是“现象场”的相互作用过程,其中一个在这种接触和相互作用中表现出内心稳定、协调,即能充分发挥自己的机能,因而他被界定为咨询者或治疗者;另一个人是因其内心不够稳定、不够协调、不能充分发挥自己的机能而被界定为来访者。但无论如何,来访者“是一个具有无条件自我价值的人,即不论他的处境、他的行为或他的情感如何都是有价值的人”。

老子思想对罗杰斯咨询态度的影响

罗杰斯倡导咨询师要“无条件积极关注”,是针对人在成长发展过程中,总要受到“价值条件化(conditions of worth)”的影响而言的。他认为,人的一个重要需求就是自尊和受人尊重,即认为自己是有价值的,或自己所从事、所感受到的、所体验到的是有价值的。这种有价值感是通过评价过程而完成的。

通常,评价过程在我们身上有两种。第一种是由机体智慧决定的有机体内部评价过程,它符合自我的要求,从自我出发,吻合人的自我实现的过程的需要;第二种是有机体外部评价过程,它的评价标准不一定吻合自我的要求,而是附加了外部的条件,即我们的价值感是有条件的,这就是价值的条件化。这些条件多是由父母、社会价值标准而规定的。人们的所言所行所感受所体验的一切总受价值条件化的影响,在人们进行体验和评价的过程中,它们就会构成对自我的威胁,使内心世界出现不协调而导致心理适应不良,妨碍人充分发挥自己的机能,妨碍人的自我实现,妨碍人成为人。

为了打破这种影响,使人重新更多地依赖机体智慧,根据有机体内部评价过程而非外在(尽管已内化了)的价值条件,对自己的所言所行所感受所体验进行评价,以使人真正成为他自己,咨询者或治疗者就必须给予来访者以无条件的积极关注,即不论来访者言行、思想的"好坏",无条件地从整体将其作为一个有价值的人去尊重、接受、关怀、关注并积极评价他。

无条件积极关注,是咨询者或治疗者的一种信念,即"善者,吾善之;不善者,吾亦善之,德善。信者,吾信之;不信者,吾亦信之,德信"(第四十九章)。也就是说,善良的人,我善待他;不善良的人,我也善待他,所以,他就会成为善良的人。诚实的人,我信任他;不诚实守信的人,我也信任他,他就会诚实守信。一个好的咨询者或治疗者,也应该学习"圣人常善救人,故无弃人"(第二十七章)的精神,即圣人总是善于发现人的善良美好的一面,由此拯救人。因此,在圣人眼里,没有什么人是不可救药的。

咨询者、治疗者都应该达到这样的认识,并以此来对待每一个来访者,从而表现出对人本身价值的尊重和评价。

无条件积极关注,也是打破价值条件化。这些条件主要是社会的"仁义道德"条件。如老子以及明代进步思想家李贽等,均对此深恶痛绝。老子有言:"绝仁弃义,民复孝慈。"(第十九章)民的本性是孝且慈的,不需要社会以"仁义"教化;没有仁义教化或祛除仁义的影响,人们自会返回到其孝慈的本性中。当人们关注社会仁义道德标准,并进而将这种关注作为内心价值标准时,也就是用所闻所见蒙蔽了自己纯洁的心灵之时,老子的提法就是"百姓皆注其耳目"而寄希望于"圣人皆孩之"(第四十九章)。也就是说,圣人要把他们恢复到淳朴的婴儿状态中去。

在心理咨询和治疗过程中,咨询者、治疗者给予来访者无条件的积极关注,有利于来访者本人重新"回到"孩提时代,以有机体内部评价过程或者说用纯洁朴素的内心世界摆脱价值条件化的消极影响,发现自己所言所行所感受所体验的价值,获得自尊和他尊,向充分发挥机体机能的方面、向自我实现的方向发展,从而成为真正的自己。

老子思想对罗杰斯咨询方法的影响

老子的“无为”思想，充分体现在罗杰斯心理咨询的方法中。正如罗杰斯所说：“我最喜欢的并总结了我很多更为深刻的信念的是老子的另一段话‘我无为，而民自化；我好静，而民自正；我无事，而民自富；我无欲，而民自朴’（第五十七章）。”罗杰斯坚持咨询师不用自己的观点去影响来访者，不去“干涉”来访者的内心世界，而是由来访者主导咨询过程。他的这一观点是一种十分鲜明的无为而治的表现，是老子思想在心理咨询中的实践应用。

老子还说道：“绝圣弃智，民利百倍。”（第十九章）老子反对标榜圣人，反对卖弄世智辨聪，如此才能使“民”从中获得莫大好处。老子的这种主张在罗杰斯那里得到积极的回应。“假如我不去考虑表现我自己的聪明才智，那么，我觉得依靠来访者完成这个治疗过程更好……来访者了解自己的问题，了解应向什么地方努力，了解什么问题最重要，了解自己隐藏着什么体验。”

老子的无为思想中包含有为的一面，为所当为；罗杰斯的无为中也有其有为的一面，即表明咨询者或治疗者的作用在于体现出自己是一个完整的人，他所能做的“最好工作是创造出一种气氛，一种能够让来访者（也包括咨询者或治疗者本人）不感到威胁和限制，能够自由地感受情感、探索自我的氛围”。这种氛围能促进来访者的改变和成长，是咨询或治疗产生效果的前提条件。如此，就必须注意在罗杰斯心理治疗方法论中所强调的，咨询者或治疗者“当为”的三个方面的工作，即真诚一致、无条件积极关注、共情或共情性理解。

咨询者、治疗者首先要做到对自己的真诚一致，即自己所意识到的情感和态度与他实际所体验到的情感和态度是一致的。在咨询和治疗过程中，要做到真诚一致地表达自己的情感和态度。要想达到这样，就必须使自己心灵像天真烂漫的孩童一样。老子有言叹曰：“如婴儿之未孩……沌沌兮。”（第二十章）若我们成人能保持婴儿心，不设自我屏障，不左思右想，当哭则哭，当笑则笑，则可达到老子所说的“见素抱朴”（第十九章）的生命境界。罗杰斯则称之为发现其真实的自我，真正成为他自己。

咨询者（治疗者）在向来访者表达真诚一致时，并不意味着咨询者、治疗者可以听任自己的冲动,想说什么就说什么,对自己的感受不作思考,一泻千里,冲决而出。罗杰斯认为要作适宜的表达。倘若咨询者(治疗者)真实的感受直率粗糙的表达会伤害到来访者的内心世界,这时应注意表达方式上的委婉。老子说:"圣人方而不割,廉而不刿,直而不肆,光而不耀。"(第五十八章)在此,若把"圣人"换成"咨询者"或"治疗者",倒是对罗杰斯提出的"真诚一致"在表达方式上的有益而直接的说明:咨询者(治疗者)要做到方正而不显得生硬勉强;有自己的棱角即立场、观点、个性等,但不至于把别人划伤;诚实正直却不要那么无所顾忌;发挥柔和的影响而不要灼伤对方。

马斯洛与《道德经》

马斯洛(Maslow, 1908—1970年)以其著名的需求层次理论闻名于世。他认为,人类有五种基本需求,即生理需求、安全需求、社交需求、尊重需求和自我实现的需求。需求是分层次的。其中,生理需求和安全需求属低级需求,尊重需求和自我实现需求属于高级需求。在激烈竞争的现代社会,很多人已经成为金钱和机器的附庸,麻木空虚,在此情况下,人们更需要自己的价值被认可和尊重。

马斯洛是在批判传统心理学的两大势力——行为主义心理学和精神分析心理学的同时接纳老子的思想的。行为主义主张将人还原为动物、机器,精神分析则把着眼点放在病态的人身上,两者均导致了心理学的"非人化",使当时的心理学成为"残缺的心理学"。正是针对这种情况,马斯洛整合这两派的观点,强调以人为本,注重人的自然性和发展性,并以此形成心理学第三势力——人本主义心理学。

"自我实现"与"尊道贵德"

马斯洛原本是一个行为主义者,但当他亲眼目睹自己两个孩子的成长历程时,就从旧的行为主义心理学中摆脱出来,他发现人与人之间是多么不同,他"不再相信人能教任何人学任何事"。他认为,行为主义即使不是反人性的，也是非人性的，心理学关注的对象应该是人，是人性、人格和个性，是在当代科学技术社会中人的价值与意义，人的本性及人的自由选择。慢慢地，他开始对发展每个人的先天潜力感兴趣。

在这个基础上，他探讨人性所能达到的最高境界，提出“自我实现”的概念。他认为，自我实现是指“不断实现潜能、智能和天资……是个人内部不断趋向统一、整合或协同动作的过程”，为我们勾勒出一幅完满人性的美妙画面。

当然，拥有这种完满人性的人只是极少数，马斯洛也只不过列举出了美国前总统杰斐逊、林肯以及科学家爱因斯坦等几人，这些人就是马斯洛心目中的“圣人”。其实，道家的理想人物也是圣人，老子就曾多次描绘圣人的理想境界。在老子那里，圣人是能体认自然、拓展内在的生命、扬弃一切影响身心自由的束缚的人。所谓“上德若谷”（第四十一章），“上善若水”（第八章）。钱钟书先生总结说“老子所谓‘圣者’，尽人之能事以效天地之行所无事耳”，这就与马斯洛的自我实现者殊途同归了。

《道德经》尊重人的思想，注重人的尊严和价值，有人本主义的影子。由于人生的价值和生命尊严被深切地关怀，人们可以最大限度地发挥自己的主观能动性和潜在的智力，不断追求生命的充实和完满，这对那些觉得“人生没有意义”、迷失自我的现代人有重要的启迪意义，有利于维护灵性的健康，最终实现自我，这样也可以避免因为不被尊重而导致的人格不平衡。

人是有灵性的生命，不可能长久生活在无信仰的精神荒漠中。高科技虽然在一定程度上给人们带来了物质的享受，却未能解决人们精神贫乏的问题。面对高节奏、强压力的生活，人们难免会感到焦虑和孤独，在这种情况下，人们更需要精神的慰藉。老子倡导的“尊道”思想，可以让人们在追求与道同体的时候获得一种超越尘世的精神境界，给人的心灵以更高层次的寄托，使他们的灵魂得到升华。为那些意义缺失、找不到幸福感和归属感的人提供精神的家园，使他们在面临困难和挫折时积极乐观，仍然怀有一种对更美好生活的企盼，不至于因为绝望而放弃现实的努力。

“自发性”与“道法自然”

在马斯洛关于自我实现者的诸多人格特点中，最能体现其道学内涵的就是其“自然自发性”。他说，“自我实现者都可以描述为在行为中具有相对的自发性，并且在内在的生活、思想、冲动之中更加具有自发性。他们的行为特征是坦率、自然、很少做作”。他们自发地主持正义，自然地表露自己的感情，自发地做他们看来最自然的事。事实上，他们是自发地选择最佳途径而达到自我实现的。

马斯洛在《对于特殊与普遍的认知》一文中，曾以小鸡作比喻来说明这一点。他观察到，健康的小鸡比其他的小鸡更本能地选取能补充它们身体所需维生素的食物。他说，人的自然禀赋或潜能都有自发实现的倾向，每个人都是潜在的自我实现者，但只有那些真正的自我实现者才有一种本能选择最适于自己发展的事情，这就是“道”，是“天地任自然，无为无造，万物自相治理”(王弼注《老子》)。

老子的圣人也具有同样的特点。“是以圣人处无为之事，行不言之教，万物作焉而不辞。生而不有，为而不恃。”(第二章)这里说的圣人“无为”，不是不“为”，而是不做“有为”之“为”，即不故意做作，而是顺应自然，目的就在于不扼杀事物自由发展的可能性。他还说:“圣人无为故无败”(第六十四章)。

基于此，马斯洛把自我实现的途径与“无为而治——任事物自然发展”的道家哲学联系起来，认为“无为”的状态是促进人自我实现的理想状态。他说:“我在奉行道家思想的放任自流的布兰代斯学院心理学系了解到，放任自流与无组织状态能带来鼓舞人心的力量和自我实现以及最佳环境。”因此，他认定，理想社会的职能在于创造条件促进人类潜能的发展，这个条件就是“辅万物于自然”。

当然，马斯洛并不真正主张一味地放任自流，所以他认为教育的基本方法应该是“有帮助的任其自然”。

“发展”与“复归”

刚入 20 世纪时，美国一位著名的心理学和哲学家威廉·詹姆斯就断言:

普通人只用了他们全部潜力的极小一部分。在最初，马斯洛提出自我实现理论时，认为自我实现是人性潜能充分发挥的境界，是人性能达到的顶峰，是只有极少数人才能完成的最后或终结的“事态”，是一种终极的人的状态的“存在”。

但后来，他从奥林匹克金牌获得者得到启示：人的潜力是可不断刷新的，就开始睿智地将自我实现在看作一种“存在”的同时，亦将它看作一种“形成”。他认为人类总是不断地寻求一个更加充实的自我，追求更加完美的自我实现。这样，马斯洛提出了另一个与自我实现的潜力有关的概念：发展(growth)。

老子认为，“物壮则老”(第三十章)；“人之生也柔弱，其死也坚强”；“坚强者死之徒，柔弱者生之徒”(第七十六章)。任何一个事物强大到极点就再也没有发展的余地，其结果只有死亡。只有时时刻刻将自己置于“柔弱”的地位，才能有发展的余地，有发展的可能性，才能由弱变强、由柔变刚。一旦事物变得稍强稍刚，老子又主张“复归”，“复归于朴”“复归于婴儿”“复归于无极”。这种复归，虽貌似重新回到了出发点，却绝非原来的出发点。这种螺旋式的前进使得自己永远拥有再发展的可能，拥有发展的潜力与空间。因此，“复归”也不是日的，而是一种发展的手段。“是以圣人后其身而身先，外其身生存”，并“以其终不为大，故能成其大”，这样时时刻刻将自己置于相对“柔弱”的位置，为自己保留一份发展的可能性，中国的先哲和西方的智者在人性的发展上再一次发出强烈的共鸣。

超个人心理学：马斯洛的超越与升华

如果说马斯洛人本主义心理学渴望以人为中心，崇尚人的价值和尊严已经昭显出其道学意蕴，那么，马斯洛晚年从人本主义阵营中分离出来的超个人心理学则更体现出“道”的内涵。

老子谈道，本就是出于为人生寻求安身立命之所，将个体的我从现实世界的束缚中超脱出来，将人的精神生命向上延展，与宇宙精神相契合，并以道寓人，从自然之道上把握人的存在，提升人的存在。

这时的马斯洛也渐渐超越人类的界限，以宇宙为中心去感应人性，其人本意境已更深远,眼界也更开阔。

他说:“不仅人是自然的一部分,自然是人的一部分,而且人必须与自然多少有那么些同型,以便在自然中能够存活。”这句话简直就是对“故道大,天大,地大,人亦大。域中有四大,而人居其一焉。人法地,地法天,天法道,道法自然”(第二十五章)的精辟注解。

在超个人心理学中,人性发展的最高层次是人将整个自然界纳入自身,与宇宙同一,这就进入了道家“天人合一”的境界。从马斯洛这最有创意的理论中,我们可以看到老子思想的光芒在闪烁。

弗兰克尔与《道德经》

奥地利著名的神经病学家和精神病学家维克多·弗兰克尔(Viktor E. Frankl, 1905—1997年),以其处女作《从死亡集中营到存在主义》,一举奠定了第三维也纳心理治疗学派的地位。他的意义治疗学对精神分析学和存在主义哲学加以发展并做出了贡献,在国际上产生了重要的影响。

弗兰克尔是一位出自精神分析学派又跨入存在主义的心理学家,他的意义治疗是存在主义哲学与精神分析学相结合的产物。弗兰克尔最初把自己的理论称为存在分析(existenzanlyse),后来才改称为意义治疗(logotherapy)。

弗兰克尔的凤凰涅槃、浴火重生

弗兰克尔博士是奥斯维辛集中营中极少数的几个幸存者之一。在纳粹集中营三年的经历使他进一步发现生命的重要性及意义、意志对人的存在的重要性,并且在集中营中,他还进行过集体精神疗法。他是这样写的:

我记得一个事件,当时天气十分恶劣。在行进中,宣布了一项命令,规定从现在起,许多行为将被看作是怠工,因此,违背者将被立即处以绞刑。在这些罪行中,有诸如从旧毯子上剪下小布条(为了临时捆绑脚脖子),以及微不足道的“偷窃”行为。前几天,一位饿得半死的囚徒闯入马铃薯窖,偷了几磅马铃薯。这一偷窃行为被发现，而且有些囚徒也认出了“偷窃者”。当集中营当局得知这一事件后，他们命令必须将这个罪犯交出来，否则，整个集中营将挨饿一天。自然地，2 500 人选择了节食。

在节食这一天的晚上，我们躺在棚屋里——情绪非常低落。人们几乎一言不发，而且说出来的每一个字都带着怒气。然而，更加糟糕的是，灯灭了。情绪降到了最低点。但是，我们的高级典狱官是一个非常聪明的家伙。他临时作了一段简短的讲话，说出了我们当时思考的问题。他谈到了一些难友在最后的几天里或者因疾病，或者因自杀而死去。但是，他还提到，他们的死亡的真实原因可能是什么：放弃希望。他坚持认为，有一些可以防止将来的牺牲者达到这一极端状态的办法。这时，典狱官指向我，让我给出这一建议。

我实在没有情绪去做心理学解释或进行布道——为我的难友提供一种灵魂的医疗照顾。我又冷又饿，又气又累，但是，我必须作出努力，并利用这一独特的机会。现在鼓励比任何行为更有必要。

因此，我从最微不足道的安慰谈起，开始了我的讲话。我说，在整个欧洲，在第二次世界大战的第六个年头，我们的情况并不是最恐怖的。我说，每个人都必须扪心自问，直到现在他遭受了什么样的不可替代的损失。我认为，对于他们的大多数来说，这些损失是非常小的。每一个还活着的人都拥有保持希望的理由。健康、家庭、幸福、职业能力、财富、社会地位——所有这一切都可以再次获得和恢复。毕竟，我们的骨头还完好无损。我们经历的任何事情，在将来还会成为我们的一笔财富。我引用了尼采的话：“没有杀死我的，使我更加强大。”

然后，我谈到了未来，我说，公正地说，未来可能是毫无希望的。我认为，我们每个人都可以预测到我们的生存机会十分渺茫。我告诉他们，尽管集中营中还没有流行斑疹伤寒，我估计我的生存机会是 1∶20。我还告诉他们，尽管如此，我却没有失去信心，没有放弃生存。因为没有任何人能够知道未来将会带来什么，时间越近，就越不能够。即使我们不能预料在接下来的几天里将会发生任何轰动性的军事事件，但是，由于我们的集中营经历，谁又能比我们更清楚有时会出现多么好的机会，至少对于个人来说，情况是这样的。例如,有人可能出乎意料地被分配到具有非常好的工作条件的特别小队中——这是构成囚徒"运气"的一件事。

但是,我并不仅仅谈论未来以及被未来所掩盖的事实。我还提到了过去:所有的欢乐以及甚至在当前的黑暗中它的光芒仍然那么的夺目。我再一次引用了一位诗人的话:"你所经历的,没有任何力量可以从你拿走。"不仅我们的经历,而且我们所做的一切,不论我们可能拥有什么样的伟大思想,以及我们曾经遭受的,所有这一切都不会失去,尽管它们已经成为过去;我们使它们成为了一种存在。曾经存在也是一种存在,而且可能是最可靠的一种。

然后,我说到了许多能够赋予生活以一种意义的机会。我告诉我的难友(他们一动不动地躺着,尽管有时发出一声叹息),在任何环境下,人的生活都不会失去意义,并且,这一无限的生活意义包括受难和死亡,贫困和死亡。我要求那些在棚屋的黑暗中正聚精会神地听我讲话的可怜的人们,面对我们严峻的环境。他们必须怀有希望,保持勇气,坚定地相信,我们的无希望的斗争并没有使我们偏离尊严和意义。我说,有人正俯视着处于困难中的我们——朋友、妻子,或死或活的某个人,或者上帝——他将期待我们不要令他失望,并且,他将希望看见我们自豪地——而不是悲惨地——受难,知道如何去死。

最后,我说到了牺牲。牺牲在任何情况下都是有意义的。在正常的,以物质成功为标准的世界中,牺牲似乎毫无意义。但在现实中,我们的牺牲确实具有意义。坦率地说,我们这些拥有宗教信仰的人可以毫无困难地理解这一点。我向他们提起,一位难友在到达集中营时,与天堂签订了一个契约,他的受难和死亡应当把他所爱的人从痛苦中解救出来。对于这个人来说,受难是有意义的:他是最深层意义上的牺牲者。他不想无缘无故地死去。没有任何人希望这样。

我的讲话的目的在于,在我们的生活中,在此时此地,在棚屋里,在实际上毫无希望的环境中,发现生活的全部意义。我看见我的努力取得了很大的成功。当电灯再次亮起来的时候,我看见了我的朋友们的悲惨身影正一瘸一拐地走向我,饱含眼泪向我致谢。但是,在这里,我必须坦白,我与我的正处在痛苦中的同伴们联系得太少，我一定错过了许多做这样工作的机会。

作为集中营的长期囚徒，弗兰克尔发现自己几乎丧失了一切。除了妹妹，他的父母、兄弟、妻子都死于集中营。所有的财物都被剥削，所有的价值都遭受破坏，每天都经受着饥饿、寒冷和拷打的折磨，时时希望结束自己的生命。正由于他经受过这种极端恶劣的环境，所以他是一位值得人们仔细聆听的精神病学家。

意义疗法的哲学基础

既然弗兰克尔的意义疗法在实际上是一种存在分析学，则其意义疗法所寓有的哲学基础无疑是存在主义哲学。弗兰克尔认为，人是具有内在意义的精神存在物，其存在的合理性在于人对存在的意义与价值的追求。因此，人生是一种任务和使命。如果一个人无法搜寻到生活的意义和价值，他势必沦入一种存在的空虚，宛如一只遗弃在海边的蚌壳，终被时间无情地蚀化。

在弗兰克尔看来，现实生活的人可分为两端：一端是人们极富生活的希望与积极肯定存在的终极意义而建立起来的实存的生死观，不断地超越自己，实现其存在的价值。一端是人们受到“虚空的存在”的困扰。他们找不到或失去生活目标。虚无主义扼杀了意义，也就进一步阉割了自我实现的要求。这样的人势必最终沉羁于酒色，甚至精神失常。

弗兰克尔在人性上的看法，主要是从存在心理学的观念出发的。他认为，人区别于禽兽主要在于三个特质，即统合、自由、责任。

“统合”是指人是由生理、心理、精神三方面需求满足的交互作用统合成的整体。生理需求的满足，使人生存；心理需求的满足，使人快乐；精神需求的满足，使人有价值感。因此，理想的人生乃是精神力量之下对生理与心理层面的统合。统合理论是支撑弗兰克尔意义治疗学说的一个存在基础。

“自由”是指人在遗传与自然环境之下，得不到自行决定是否存在的自由，但人有决定如何存在的自由，即人有选择的自由。这就为人在生命中积极寻找意义提供了意向的可能。

“责任”是指人既然可以选择自由,那么选择之后就应该对自己的行为负责,这是促成人去探寻意义的约束力。

统合、自由和责任心构成了人类存在的本性,没有这三者,人们就不可能发现人生的意义和目的。

意义疗法的基本理论

在存在主义哲学观和存在心理学的人性观上,弗兰克尔进一步提出,要想改变人性,实现生活的意义和追求健康的人格,必须使用意义疗法,把人生意义建立在精神层面的价值感的获得之上。意义治疗的基本理论并不复杂,概括起来可分为三层。

1. 人生意义的探寻

第一层是人生意义的探寻。这里所指的“意义”,是指在人的生命历程中,是以构成精神支柱的种种真善美的价值取向与内涵,小如夫妻情爱或艺术欣赏,大如社会改造或国际合作等。

该层次关注的是超越自我的始动力问题,主要有三个支柱概念:意志自由、意义意志、人生的意义。

意义疗法原是心理分析与存在分析的理论的结合,到某种程度也接受心理分析的决定论,承认过去种种身心条件对于人的现时心理具有相当的决定力量。

但是,弗兰克尔认为,在人性的高层次,人存在具有超越心理层面的实存意义的自由,能在人生的紧要关头(如生死交关的极限境况、道德行为的抉择等)显现出来。他认为意志自由是人类的一个基本特征,它是属于人的经验直接给予的东西,只有两类人的意志是不自由的,即精神分裂症患者和宿命论者。

意义意志是指人的存在基本上是追求有意义、有目的的生活,即追求有价值的精神生活的一种人格动机。追求意义的意志是人的基本动机,它表现在人对生活意义的理解之中。弗兰克尔肯定了每一个人都具有探求种种真善美价值的人生意义的意志,因此,他站在第三维也纳学派的立场,一方面驳斥古典心理分析学所倡导的以性欲满足为主要追求的“快乐的意志”,

另一方面,也批判阿德勒的第二学派所强调的“权力意志”。

人生的意义是一个健康人的精神支柱。弗兰克尔把缺乏生活意义的状态称为“意向性神经病”,这种人的生活状态是缺失意义、缺乏目标和生活在空虚状态之中。弗兰克尔这样描写他在纳粹集中营的那些俘虏伙伴:“灾难使他在生活中再也看不出意义,没有目标,没了目的,因而也就没了坚持下去的意义,不久他就死了。”

“意志自由”“意义意志”“人生的意义”这三个支柱概念互相联系,又互相支持与解释,构成了意义疗法的基础理论。

2. 获得意义的途径

意义疗法的第二层指弗兰克尔所说的人生意义的具体意蕴,即意义获得的基本途径。弗兰克尔认为人可以通过三种方法来发现生活中的意义。

第一,对世界提供某种创造,即创造意义的价值。创造价值是个体生命能给予世界的诸般大小不等的真善美价值,如艺术创造、工业发明、房屋建筑乃至各种劳心劳力的日常工作。

第二,从世界中体验那些丰富和提高人类经验的价值,即体验意义的价值。比如展示自然之美和人性的完美,包括山水之色、音乐欣赏、天伦之乐、道德的同情同感等。

第三,经历艰苦,即态度意义的价值。虽然痛苦不是人所追求的,但每个人的生活中都充满着痛苦,人的生活不仅通过创造和欢乐来实现,也通过痛苦来完成。例如,伟大的创业者尽管经历着外部的痛苦和打击,却在描绘内在的成功与圆满。

弗兰克尔认为,就人生意义而言,体验价值固然高于创造价值,而态度价值更是高于体验价值,因为真正规定人生为一种任务或使命的最高并且最可贵的价值乃不外是实存的态度本身。每一个人存在对于生死问题所取的态度,乃是决定作为万物之灵何去何从、求生求死的根本关键。

3. 人生意义的超越

意义疗法的最后一层可以说是态度价值的具体深化,即弗兰克尔对于人存在的极限,也就是人最终超越自我的一些看法。

在弗兰克尔看来,受苦、责疚、死亡或无常是构成人存在极限境况的三个主要意涵。

“受苦”是指人世间种种难于捱忍的极端苦痛,包括身、心两个方面。

“责疚”意指人生当中无法挽救的严重失败或人存在本身的局限性所导致的罪责或内疚,比如眼看一个婴儿沉溺水中而不能去救生、颇具善心的教徒阻挡不了罪犯的暴行等。

至于“死亡或无常”,更是包括人类在内的一切存在物所避免不了的最可怕的经验事实,包括生死、祸福等。

因此,人们在生活中要想获得存在的终极意义,就必须在一定意义上“忘掉”自己,停止消极的自我探索,积极探索人生的意义。在精神层面上升华自己的意志和态度,建立超强的理念,从而获得人性的解放,超越自我。

意义治疗的具体方法

弗兰克尔的意义治疗法既是一种心理治疗的理论,又是一种心理治疗的方法。意义疗法旨在强调发挥患者的主动性,设法在治疗过程中帮助患者发现生活中的意义,以促进患者的意义系统发生变化,从而使其对于自身的遭遇(挫折)采取更有效、更成熟、更合理的态度,并经由这些态度的实现,赋给一般人难以接受的挫折以更多的意义,借此保持、增进心理平衡。

然而,在治疗过程中,对于患者提出“我怎么办”的问题,不要给出一种权威性答案,而是引导他去发现自己存在的意义,并鼓励他去充分实现这一意义,这一点与传统的精神分析治疗方法有明显的不同。

弗兰克尔在长期临床治疗过程中,总结了一套行之有效的意义治疗方法和技术。总的来说,其治疗技巧十分重视目标与意义的寻找。除此之外,也重用自我控制,说服个案或训练个案进行自我说服,说服自己克服害怕,为其不敢为之行为(矛盾意向法),以及鼓励自己,拿出毅力,不为不必为或不应为或不必想的事(停止思索法)。

“矛盾意向法”是弗兰克尔早在1939年就提出的一种意义治疗方法。他把“矛盾意向法”定义为“鼓励患者去做,希望发生正是他所害怕的事情——尽管不是诚心要这样做”。

弗兰克尔曾遇到一位严重的恐旷症患者,他运用了多种治疗方法都没有疗效。最后,他建议患者想象在广场上昏厥过去,结果没几天患者就被治愈。事后,患者告诉他,“我尽量尝试去昏厥,但我尝试的次数越多,昏厥的程度越减轻,最后昏厥恐惧就彻底消失了”。

弗兰克尔认为矛盾意向法之所以有这样的效果,主要是患者在治疗过程中超越了自我和现实,达到精神理智的境界,使自己的意向发生逆转,从而看到新的意义。

“停止思索法”是弗兰克尔在1955年提出的另一种意义治疗方法。他认为,许多人都过于关注自己的问题和自己的消极情感与体验,因而不可避免地陷入神经性焦虑、悲观和虚空状态。“停止思索法”旨在使我们能够“忘记”自己指向一种治疗的注意中心,即使注意力试图停留在他人或自己思想中的积极方面。它的目的在于全面地改变或转移我们的注视焦点。

在治疗过程中,治疗者的任务就是鼓励患者去想或做他们问题以外的事情。例如,帮助疑症、绝症患者集中注意力去助人而不去想自己的身体;帮助和教育劳教分子树立人生理想,确立新生活坐标与献身社会而不使他们沉溺于过去的罪行。固然,事实与周围环境是不可逆转的,但经过注意力的转移,会使患者的生活重心发生变化,因而使他们发现新的生活意义,确立新的生活方向。

“停止思索法”和“矛盾意向法”是意义治疗中运用移情和超越两种常用的治疗技术。它们的操作很简单,但十分有用。

弗兰克尔虽然实际上采用一名治疗者治疗一名个案的治疗方式,但也认为个案在懂得意义治疗真谛之后也能进行自我治疗。换言之,心理治疗不一定要像精神分析治疗那样,病人要经过移情历程(移情历程以治疗者、患者的关系为必需前提,这表示精神分析治疗是不能由患者一个人单独进行的)后始得治愈。

在意义治疗中,个案首先接受治疗者的一番指导,由此学到追寻生命意义的方法及懂得去做良好习惯的行为而不能去做不良习惯的行为,然后,可根据从治疗者那里学到的知识和技能进行自我疗愈。这也就是有的学者提到的态度改变疗法。

意义疗法的现实意义与缺憾

意义疗法是弗兰克尔经历德国纳粹死亡集中营牢狱苦难而创建和完善起来的心理治疗理论与方法。其中,它对人性的解释,对生命的意义与价值的看法,主张人应该对生活持积极乐观的态度,把人视作主动选择生活、发现生活意义的人,都给迷失困惑的世道人心以启发和导向作用。

同时,意义疗法本着积极探索人生、重塑人生的原则,以最大限度肯定、发挥患者的主动性,使其走出迷途与误区,步入新的境界,表现出了巨大的创见。此外,意义疗法思想的出现,对于功利盛行、竞争残酷、生活糜烂的当今世界的消极面,起着一种警示世情、振奋人心的作用。

弗兰克尔的观点在表述上清晰且耐读,他坦诚地描写自身经历的可怕事件,因而其著作具有很大的可信度。意义疗法提出的发现生活意义的三种方式(创造意义的、体验意义的、态度意义的价值)以及治疗方法是具体的、可操作的,对实践有指导意义。

因此,弗兰克尔关于人性的理论和意义治疗方法,在欧美得到众多的认可。第二次世界大战后,这一疗法对于日本的精神医学与精神疗法也产生深远的影响,日本学术界把意义疗法与传统的禅宗思想以及坐禅、静坐等功夫打成一片(如森田疗法即是一例)。从 1980 年起,国际上每年都要举行一次世界意义治疗大会,并于同一年创办了《国际意义治疗学论坛》,以此来进一步验证和完善弗兰克尔提出的理论,使意义疗法更积极地为人类服务。

弗兰克尔一方面向人们展示了积极乐观的人生观,这不仅对迷失方向难于生活的人是必不可少的,而且对心理健康的人也是十分有益的;但在另一方面,随着理论的推进,他越来越走近神秘主义与唯心论。弗兰克尔曾说:“意义疗法不能逾越心理治疗的界限,却要保留一条通达宗教之路,而由患者自己决定是否应该走进宗教的门户。”

他在作品中常常提及“无意识中的上帝”“对于终极存在或上帝的信赖”等比较接近西方神论或神秘主义的宗教立场。他认为只有信仰宗教的人才能认识到生存的意义和道义上的责任与良心。因此,在西方最早接受他的意义疗法的是神学家。

另外，弗兰克尔认为人对意义的追求不是对现实生活意义的追求，而是对超越现实和自我的精神意义的追求，他甚至把死亡和痛苦作为人的最深意义和最高价值的实现，这就使他偏离了物质世界和实际生活，走向了唯心主义立场。

《道德经》与意义疗法的契合点

意义治疗旨在使人们能够“忘记”自己指向一种治疗的注意中心，即使注意力试图停留在他人或自己思想中的积极方面，它的目的在于全面地改变或转移来访者的注视焦点。在咨询过程中，咨询师的任务就是鼓励来访者去想或做他们问题以外的事情。

对此，老子也有相应的论述：“天长地久。天地所以能长且久者，以其不自生，故能长生。是以圣人后其身而身先，外其身而身存。非以其无私邪？故能成其私。”（第七章）这一论述正是对生命意义的探索，提倡不自生，忘记自身，利于他人，正因为不追求自身利益，所以才能长生；“吾所以有大患者，为吾有身。及吾无身，吾有何患？”（第十三章）忘掉自身荣辱，方能寻得人生真正的意义。在这一点上，弗兰克尔的意义疗法与老子哲学得到了完美的契合。

老子又说“失道而后德，失德而后仁，失仁而后义，失义而后礼”（第三十八章）。“道”失去了就想到“德”，“德”推动了就谈到“仁”，“仁”推动了就谈到“义”，“义”失去了就想到“礼”。“夫礼者，忠信之薄，而乱之首”（第三十八章），当人们强调礼的时候，人们内在的忠信已经很薄弱，而一切祸乱就从此而生。

换句话说，“道”就是“总体的根源”，“德” 就是“内在的本性”，“仁”就是“彼此的感通”，“义”就是“客观的法则”，“礼”就是“具体的规范”。

人们假使有“总体的根源”，就会有“内在的本性”；有了“内在的本性”，彼此就有“真诚的感通”；有了“真诚的感通”，“客观的法则”就保持得住；有“客观的法则”，“具体的规范”就保得住。

现在的状况是，总体的根源不见了，只好强调内在的本性，内在的本性不见了，只好强调真实的感通，真实的感通不见了，只好强调客观的法则，到最后,人们内在里头的忠、信已经薄弱,生命原初的一点点真实的爱跟关怀的能力——彼此作为相互确信的基础点已经变得非常薄弱,当然天下祸乱就由此而生。

因此,老子强调"尊道贵德",要遵从总体的根源所隐含的和谐的自发力量,要以内在天真本性为真,如果人们不遵循宇宙总体之根源,不以我们内在天真的本性为贵的话,就会出现问题,很多时候会表现为心理问题。

从这个角度来看道德,"道德"其实就是生长,不是一种压迫,不是一种约制,也不是一种规范。说它是一种强迫、压制、规范,基本上都不是道德的原初本意。道德的原初本意就是"道生之,德畜之"。天地、万物、人我通而为一的"道"生长其自己,而落实于事事物物之上,它有它的本性。弗兰克尔的意义疗法本质上就是关注人的成长。

贪取、占有、欲望为什么会出现?能不能减低?如何减低?是否可以不出现?这就牵涉人本身这样的个体是很独特的,人这个个体虽然是有限的,但是他有一种无限的渴求。也因为人有这样的一个灵性,所以人才能够操作语言文字符号。操作语言文字符号,就使得一整套的话语系统介入,一切的万物因之而存在。而在这个过程里面,因为人是有限的,但是人却有无限的渴求,麻烦就出在这里。

面对这些麻烦,我们要怎么做呢?老子告诉我们:"致虚极,守静笃,万物并作,吾以观复。夫物芸芸,各复归其根。归根曰静,是谓复命,复命曰常。知常曰明,不知常,妄作凶。"你要把不要的东西拿掉,真正达到一个虚而灵的状态。不必要的执着妄动要取消掉,能够守着宁静的状态,这功夫要做得笃实。整颗心要放松,意识的活动要回溯到自身,而回溯到自身是无意识的状态,一个把意识取消掉的状态。这时候万物并作,万物一起生长。我就在这个过程里对比而观,如其所如,任其自然。

那么,"观复"要怎么观?

"夫物芸芸,各复归其根",让众多芸芸生长的万物,各自恢复到自己的根源,这时候你会体会到回溯到自己的根源才是一种真实宁静,而这真实宁静整个来讲就是我们所说的"复命"。

能够观得事物,回到本身,是整个天地之间的常态常道,能够体会到这样的常道就是有智慧，如果没有体会到这个常道，而胡作非为，就是妄作。“知常容，容乃公，公乃王，王乃天，天乃道，道乃久，没身不殆。”（第十六章）体会到天地之常，于是整个就包容了；真正能够包容，于是就会公心，能够注重到普遍的公，就会照顾到整体；能够贯通天地就能够成为一个王者，这时真正了解到宇宙像天一样，没有什么私心，如此便能悠久无疆；能够如此终其一生，就不会有任何危殆。老子告诉我们生命本身如何避开不必要的争扰，如何让事物如其事物本身。这是很切实的修养功夫的过程。

老子还认为，不要认为人伦教化之名本身就不会有问题，所以他认为“名”也要去掉，让“道”自身的亮光照亮，所以要“涤除玄览”，剔除一切心知的执着、欲念、贪取、占有的可能，而让“道”本身的奥秘之体，像镜子一样，因之而照见自己。

“道生之，德畜之”，天地有道，人间就有德了。老子更注重天地的道，修德是修道，使得任何一个存在的事物因之本性好好生长，好好含蓄天地所给予的生长力量。

老子强调“无我”，不是执着在本身的“我”作为一个单元来思考，不是从这个单元的自觉性而说的“我”。他认为“我”应该化到整个天地，通过“无名”的过程，通过一个把话语取消的过程，通过“致虚守静”的过程，让你把自己化解掉，回到天地那里去。到最后你的生命是否尊贵，生命是否富有，在你自己。因此，“见侮不辱”，你被人家欺负，不会觉得受辱。它告诉你说一切都是由认知所造成的。改变了认知，世界也变得不同。这与弗兰克尔的意义疗法中从心理问题聚焦中跳出来去关注生命的意义，具有内在的一致性。

弗兰克尔认为，不能正确地认识自我，不能正确地处理自我与他人的关系，以自我为中心，个人主义极度膨胀，往往是产生烦恼、孤独、焦虑等心理障碍的重要原因。他告诫人们，在忘我的状态下才能更好地实现自我、获得人生的意义，并称之为“人存在的自我超越”。

老子在这些方面早有深刻认识，他在阐述利人与利己的辩证关系时说：“既以为人，己愈有；既以与人，己愈多。”（第八十一章）通过“为人”“与人”的活动，行为主体在行为对象身上发现自身的价值，与之产生道德的感通和情感的互动,使自己的归宿需要、自尊需要、自我实现的需要得到满足,因而获得精神上的愉悦与充实,感悟到人生的意义。

老子还启发人们不要执着于一己之私,告诫道:"吾所以有大患者,为吾有身。及吾无身,吾有何患?"(第十三章)这就是说,过于关注自身乃是忧伤烦恼("大患")的根源,如能淡化自我,则会减少许多个人的忧伤("吾有何患?")。这些思想认识到执着于"身""己"而造成的负面影响,启示人们超越自我的狭隘空间,放开名缰利锁中超脱出来,去除汲汲于小我而带来的烦恼和焦虑,养成高远宽阔的胸怀,这对于保持心理健康、事业上做出成绩是有积极意义的。这一思想与弗兰克尔的意义疗法更是殊路而同归。

森田疗法与《道德经》

如果说人本主义心理疗法代表了当代西方学者对《道德经》和谐精神的体验、领悟和发挥,那么森田疗法则代表了东方心理疗法在这一领域中对《道德经》进行具体运用并获得显著成效的范例。

森田疗法又称为顺应自然的生存哲学,是由日本慈惠医科大学教授森田正马(Morita Shoma, 1874—1938 年)于 1920 年前后创立的一种独特的心理疗法。该疗法的治疗对象为神经质症即包括强迫症、恐惧症、失眠症、自闭症等在内的心理障碍。森田疗法目前在世界范围已经有了相当大的影响。

森田正马认为,《道德经》中的最高范畴"道"是指导其疗法的核心观念。他说:"我将所谓'正常心态合于道'中的'正常心态'简单解释为日常活动中应有的原本状态,而'道'就是客观现实的真理。"

基于这一观念,森田正马探讨神经质症的病因,真正理解患者的心态,他说:"一切想活而又能够活下去的东西,都具有他自身的生命力和向前发展的欲望。这是一种不可忽视、不能抹煞的力量。不论是昆虫,是野兽还是人类,其素质尽管各不相同,但这种生存与生长的欲望却是一样的。……人们之间分别具有贤愚、美丑、强弱等各不相同的素质。但是,这种生存的欲望却是共同一致的。"

森田正马的这一观点显然是在发挥《道德经》第42章“道生一,一生二,二生三,三生万物。万物负阴而抱阳,冲气以为和”的思想观念,强调了“生”是“道”的一个基本特性,正因为“道”能够生生不息,生命、生存、生长便成为自然的最生动的体现,而“道”的本然状态就是“和”,这也是一切生命现象特别是心理现象所反映出来的常态。

神经质患者都具有强烈的生存愿望,但由于他们所具有的强迫性症状而贪生怕死,如此则适得其反。因此,森田正马认为,“凡夫贪生反而近乎死,追求名誉反倒受毁,图谋私利反而招损,故曰吾人须清除私欲妄想,才能使人生到处均可找到快乐的天地”。

“贪生反而近乎死”也是发挥了《道德经》的思想。“夫唯无以生为者,是贤于贵生。”(第七十五章)也就是说,不把生存看得过重,远胜于刻意去厚养生命。老子强调“是以圣人后其身而身先,外其身而身存”(第七章),要效法天地“不自生”,就是说寿命的延长往往在于不经意之间,否则会适得其反。

森田疗法的核心观念“顺应自然”一词,更是从《道德经》中衍生出来的。森田正马说:“冷时要顺应自然界本来的冷,热时要顺应自然界本来的热。这时才能忘却冷和热,即所谓‘心头无杂念,烈火也觉凉’,这就是顺应自然。”《道德经》中“人法地,地法天,天法道,道法自然”(第二十五章)的“法”其实就有顺应的意思,“法天”“法地”“法自然”,显然是要求人能够顺应这一切,并与之相融合,以达到与天地自然同体或合一的境界或状态。

森田正马又说:“夏热冬寒是自然,服从并能够忍受夏热冬冷也是自然。希望不觉得热、不感到冷的想法则是人为的。”这里将“自然”与“人为”区别对待的认识显然来自《道德经》,如“夫莫之命而常自然”(第五十一章);“天地不仁,以万物为刍狗”(第五章);“专气致柔,能如婴儿乎?”(第十章)。老子论述的这些内容是在原始和天然的状态下说的,应用于人,则指人不待人为的原始天然的自由怡适的状态。

森田疗法强调“道”、强调“顺应自然”,显然是继承与发挥了《道德经》的核心思想。森田疗法之所以能够取得一定的影响,与其充分体现了《道德经》的天地人和理念是分不开的。

第六章

把握咨询之“道”：咨询师角度

老子思想的理想人格观是对心理咨询师的最高要求。咨询师的咨询能力，取决于其知识和实践水平，但咨询效果归根结底是由咨询师的人格决定的。有句话很能说明这个问题：咨询师能走多远，他的来访者就能走多远。咨询师本人的境界在相当大的程度上决定了来访者的问题解决程度。

为道以德，加强咨询师的个人修养

心理学研究表明：人有理解自己，不断趋向成熟，并产生建设性变化的潜能。心理咨询的任务就是启发这种潜能，促使其向健康的方向发展，而不是进行包办代替式的解释和指导。如果咨询师没有足够的开放和理解，没有健康的、超越的人格升华，如何能引导来访者的潜能释放呢？对于咨询师来说，最重要的变量如温暖与同情、积极关注与治疗、倾听和理解来访者处境与问题的能力，这些都与咨询师的人格境界相关。

老子的人“道”思想是将“道”内化为理想人格的心灵之中，并称之为“圣人”。在老子所处的时代，他所言的“圣人”一般指国君、君王；用于当今社会，“圣人”可指代国家领导人，或企事业领导者；专用于心理咨询领域，“圣人”则可指代心理咨询师。也就是说，老子所言的“圣人”的思维方法、人格特征可以被心理咨询师所效仿、所利用。老子思想的理想人格观是心理咨询中对咨询师的最高要求，主要体现在以下方面：

圣人乃善为道者：咨询师要把握心理咨询的本质

“古之善为士者，微妙玄通，深不可识”（第十五章）、“孔德之容，惟道是从”（第二十一章），指出有大德之人，能受垢浊，处谦卑，能不随世俗所行，独从于‘道’。“道者，万物之奥，善人之宝，不善人之所保”（第六十二章）、“道常无为而无不为。侯王若能守，万物将自化”（第三十七章），都指出圣人将“道”视为宝，顺应自然、无为自化。“圣人之道，为而不争”（第八十一章）、“生而不有，为而不恃，长而不宰”（第五十一章），认为圣人常虚怀若谷、不争谦让、施恩不言报。

高水平的心理咨询师秉承天地生生不已、哺育万物的精神，把握、恪守咨询之“道”，让来访者自由、自发地生长发展，帮助来访者却不据为己有，引领来访者却不自恃有功，成就来访者却不做他们的主宰。当令人满意的咨询效果出现后，咨询师不但不据为己有、贪为己功，反而把那份功劳归于来访者，这才是最高尚深远、至大至公的德。

圣人含德之厚，比如赤子：咨询师的个人品德

“道生之，德畜之，物形之，势成之。是以万物莫不尊道而贵德”（第五十一章），“道”产生万物，德滋养万物，咨询师的理想人格是“尊道贵德”。

“上德不德，是以有德；下德不失德，是以无德。上德无为而无以为，下德为之而有以为。”（第三十八章）最好的德是不自持有德，是顺应自然而无心作为；最下的德是不离失德，是顺应自然而有心作为。

“知其雄，守其雌，为天下谿。为天下谿，常德不离，复归于婴儿。”（第二十八章）心中怀有厚德的人，就像初生的婴儿一样，没有物我的界限，无物无我，混沌一片。“含德之厚，比于赤子。毒虫不螫，猛兽不据，攫鸟不搏。骨弱筋柔而握固。”（第五十五章）赤子即婴儿含德最厚，包含深厚之“德”的人，本性淳朴，天真无邪，不受伤害，表明咨询师的个人品德在咨询中起着至关重要的作用。

“圣人常无心，以百姓心为心。”（第四十九章）咨询师以来访者之心为己心，这种一视同仁超出分别心的境界，正是尊重他人、尊重自己的前提，正是

以人为本的最高目标。

“圣人不仁,以百姓为刍狗。”(第五章)圣人以天下人之心为己心,视人人为平等的刍狗。这种一视同仁超出分别心的境界,正是尊重他人、尊重自己的前提;“天道无亲,常与善人。”(第七十九章)天道对人无所偏爱,但永远帮助善人。这些正是心理咨询师“以人为本”的最高目标。

合格的心理咨询师需要具备的条件之一就包括“以良好的伦理道德观念指导来访者”。无论对于咨询师还是来访者,只有具备良好的伦理道德观念,有高尚的人生追求,能与其他人融洽相处时,人们才可能真正拥有心理健康。对于咨询师来说,只有自己具备良好的伦理道德观念,他才能全身心地为来访者服务,即以老子的“上善若水”为职业的操守和宗旨。

正是由于咨询师能够达到一种高尚的人格境界,从而为来访者的转变敞开了一扇大门。

圣人信善,不责于人:咨询师的包容与接纳

“善者,吾善之;不善者,吾亦善之,德善。信者,吾信之;不信者,吾亦信之,德信。圣人在天下,歙歙焉,为天下浑其心,百姓皆注其耳目,圣人皆孩之。”(第四十九章)百姓中善的、不善的,我都当作他善,就得到了善;百姓中诚实的、不诚实的,我都信任他,就得到诚信。圣人谨慎小心,看待百姓就像看待孩子一样。咨询师对来访者也应怀着这样的心态,对来访者的阻抗、不礼貌等行为以包容之心待之。这样,才能最终获得来访者的信任,建立良好的咨访关系。咨询师对来访者的包容与接纳是咨访关系的核心。

“和大怨,必有余怨,安可以为善?是以圣人执左契,而不责于人。有德司契,无德司彻。天道无亲,常与善人。”(第七十九章)虽有欠债,但不索取,天道对人无所偏爱,但永远帮助善人。在心理咨询过程中,咨询师不责备来访者,不过多考虑自身利益,全身心地帮助来访者,才符合咨询之道,咨询才能取得良好效果。

“我有三宝,持而宝之。一曰慈,二曰俭,三曰不敢为天下先。……天将救之,以慈卫之。”(第六十七章)老子认为慈爱是根本,天将救助善人,必与慈仁之性,使其能自助也。这些性善论的言语,是理想人格中的核心。正是

基于人性的善和积极，才会有信任与内心的祥和。也正是因为咨询师内心的慈善，其内心的祥和与宽容才能被来访者感知到，来访者才能更深入地暴露自己、剖析自己。

圣人致虚守静，返璞归真：咨询师的沉静与质朴

“致虚极，守静笃。万物并作，吾以是观其复。夫物芸芸，各复归其根。归根曰静，静曰复命。复命曰常，知常曰明。不知常，妄作凶。”（第十六章）咨询师通过让精神虚寂，让意念清静，这样可以体验到宇宙大我的至高无上和人性的淳朴至真，达到物我之间的移情共感。

由此可见，老子所推崇的理想人格不是外在的，而是内在的；不是形体的，而是精神的。

以上我们可以看出，老子思想的理想人格是宽厚自然、开放包容、无为虚静、返璞归真、物我同一。有鉴于此，心理咨询师需要不断提升自己的移情共感能力、积极关注和促进来访者的良性改变的能力，而老子提供给我们的理想人格可以为咨询师所吸收借鉴。能够做到自然、开放、包容、无为、虚静，就能够珍视万物的一切声音，万物都用它们充满灵性的声音告诉我们所有个体存在的唯一性。正如印度格言所说的那样：“恒河之沙永远数不清，但没有一粒沙子与别的沙子是相同的。”

咨询师对当事人真诚以待，不带“掩饰”，不戴面具，达到心灵一体化的状态，就可以做到无条件积极关注、真诚一致、共情理解，为来访者提供适宜的条件，使其潜藏的力量成长，而成为一个“功能充分的人”。

富有人格魅力的咨询师，可以使来访者能毫无拘束地体验所有的情感和态度，能够对自己的经验保持开放，可以准确、如实地感知现实，而不受心理防御机制的阻碍；能够更富有存在感地生活，有大量的自发性和自由。能信赖自己，信赖机体的智慧；能让心灵自由，使自己处在功能充分发挥的过程之中；能够同自己的感觉和反应和谐相处，完全投身于做自己、成为自己；投身于此时此刻的生活，在自由流动的体验中又能意识到自己，从而促进来访者的人格变化，使之自愈和康复。

无为而治，不追求咨询技巧

“无为”是自然无为，在咨询过程中顺其自然

“为学日益，为道日损。损之又损，以至于无为。无为而无不为。”（第四十八章）“道常无为而无不为”（第三十七章）。《道德经》一书贯穿了“无为”的思想。老子说的“无为”是自然无为，并不是不为，而是指不妄为。“人法地，地法天，天法道，道法自然。”（第二十五章）这就是说，天、地、人各有自身的运行规律，这些规律都是自然的，人们应当顺乎这一规律去处事，不能违背规律地人为干预。

当代心理咨询与治疗的理论很多，主要的理论学派有：心理分析学派（主要为心理分析性治疗）、行为学派（包括认知疗法，认知疗法常被称为认知—行为治疗）、以人为中心的学派以及其他学派（系统治疗、实现治疗、存在治疗、交互作用分析治疗、家庭治疗等）。过去，这些学派之间的争论十分激烈。各学派的治疗师与咨询家坚守自家的理论观点及方法，对于其他学派的理论观点及方法技术则很少有人问津。近年来，许多心理咨询家与心理治疗家渐渐抛弃了各自的门户之见，开始出现多种方法并用、多种观点均予考虑的现象，而各种理论学派也渐渐呈现出“门户开放”的整合倾向。

在多年的心理咨询与治疗实践中，人们越来越清楚地认识到没有哪一种理论和方法适用于所有来访者、所有问题和所有情况。由此，心理治疗各学派经历了深入的自我反省，认识到各自所钟爱的理论的不足。例如，心理分析学派过于重视无意识的作用，而忽视了意识的作用；经典的行为治疗学派则完全忽略了人的主观能动性；等等。

咨询技巧几十种甚至上百种，过于追求咨询方法反而背离了咨询之“道”。正如《道德经》所言：“五色令人目盲，五音令人耳聋，五味令人口爽。驰骋畋猎令人心发狂，难得之货令人行妨。是以圣人为腹不为目，故去彼取此。”（第十二章）过于追求咨询技巧正如驰骋畋猎一般，令人心发狂，最后失

去了心理咨询之根本。

“无为”是因为咨询师认识并接受自身局限

“不自见，故明；不自是，故彰；不自伐，故有功；不自矜，故长。”（第二十二章）合格的心理咨询师知道自身的限制和不足，不会因为专长于某种咨询技巧而坚持固守自己的咨询方案，也不会为了证实自己而把咨询技能置于来访者之上。

无为的具体表现是无知。老子认为学问越多，悟道越少，“为学日益，为道日损”（第四十八章）。人们往往学得越多、知道得越多，越容易用这种知识形成一种理论框架来套住事物，不知不觉地限制自己的认识与理解，从而妨碍悟道。

“不出户，知天下；不窥牖，见天道。其出弥远，其知弥少。”（第四十七章）悟道的人不出大门也能知天下事，不望窗外也能认识道，而越是到处走动，悟的道越少。

从上述《道德经》的内容中可以看出，过多地追求理论知识对悟道没有好处，它只能限制对“道”全面的、深层次的理解和认识。悟道的出发点就是放弃先前的理论与知识，用虚空的、清净的心态来理解道，这就是无知的真正含义。咨询之道亦是如此。

无知并不意味着反对学习、反对学问，老子本人就是一个学识渊博的哲学家。老子所指的无知是放弃对人对事物可能形成成见或偏见的理论知识，因为先入之见会妨碍对人或事物全面的认识，尤其对其本质的认识。老子认为，领导者对待百姓时这种无知的态度尤其重要。领导者用无知的态度对待百姓时，才能站在百姓的立场上以百姓的观点认识百姓、理解百姓，并认可百姓的独特性，使他们将自己的特性展现出来，而不是去评价他们、判断他们、强迫他们，从而抹杀他们的个性。由此可见，老子所指的无知其实是一种态度、一种方法论，是认识人或事物的时候应采取的较全面、较客观的方法论。

用这种方法论去了解人或事物时能够抛开自己的观点，站在对方的立场上从对方的角度认识对方、理解对方，而这种方法才能使人真正地了解对方。老子在《道德经》第五十四章也强调了这一点:“故以身观身,以家观家,以乡观乡,以邦观邦,以天下观天下。吾何以知天下然哉?以此。”从个人的观点来认识个人,从家的观点来认识家,从乡的观点来认识乡,从国家的观点来认识国家,从天下的观点来认识天下。我是如何知道天下事的呢?就是凭借以上的方法。

如果以家的观点来认识乡、认识国家的话,这种认识只能局限于家的范围里,而用国家的观点来认识乡、认识家的话就不能体现出家的特点。无知的态度就是认可万物的独特性,不对万物一概而论,而是具体事物具体认识、具体理解。咨询师对来访者的正确态度也应是承认每一位来访者的独特性,不能用一成不变的咨询方法对待所有的来访者。

“无为”可以保持咨询师的心态不被来访者所动摇

老子提出的领导者也是一个帮助者,因而其应持有的无为和无知态度也是心理咨询师有必要借鉴的态度。

无知所包含的“静”意味着清静,保持清净不仅能够使自己不被外界事物所动摇,同时也可以保持一贯性。万物是瞬息万变的,但万物之根源的道是永恒的,是亘古不变的。“道生一,一生二,二生三,三生万物”(第四十二章);“天乃道,道乃久”(第十六章)。保持清净的人,其心态亦如此,用这种方法论去了解人或事物时能够维持一贯性。他不仅能够使自己不失一贯性,而且不管在什么样的情况下都能够把握住自己的心态。

咨询师持有无为和无知的态度时能够放弃可能产生偏见或先入之见的理论知识对待来访者以及来访者的问题。因为这些知识有可能影响咨询师对来访者以及来访者的问题及早下结论,而这样下的结论往往是片面性的或者是表面性的,根据这个结论所认识到的来访者和来访者的问题也是片面性的或者是表面性的。这样一来,咨询师对来访者的帮助只能局限于一部分,其结果也是暂时性的。

如果咨询师过多地依赖理论知识,就会对来访者产生一种先入之见,从而疏忽来访者内心的真实感受。咨询师仅关心来访者的理性而疏忽其感性,咨询的时间将拖延很久,而效果也不理想。同样,在帮助来访者解决问题的时候，咨询师的理性手段或训练方法对来访者的帮助并不大，即使有了帮助，其效果也是暂时性的，而且这种暂时的效果失效后，来访者更加确信自己的不足。罗杰斯认为通过理性训练解决问题的方式对来访者的变化没有任何帮助。

咨询师持有无为和无知的态度时，能够站在来访者的立场上用来访者的观点认识来访者、用来访者的观点看待来访者的问题。"圣人常无心，以百姓心为心。"(第四十九章)这里的"常"有着不变、固定等含义，"常心"意味着成见或固定的观点，而"无常心"意味着没有成见或先入之见。既然没有成见，就能够站在百姓的立场上看百姓，进入百姓的内心世界，以百姓之心理解百姓，这不仅是圣人理解百姓的方法，也是拥有无为和无知态度的咨询师理解来访者的方法，这种态度即为共情。共情是促进来访者的变化、成长、发展的必要充分条件之一，它意味着进入来访者的内心世界与来访者同心感受来访者的感觉，对此不加任何评判，即"以来访者心为心"。

咨询师持有无知的态度时能够进入清净的状态，这种状态帮助咨询师不被外界环境所迷惑、所动摇。咨询师以这种心态面对来访者的时候，在进入来访者的内心以来访者的观点理解来访者的同时，还可以保持自己的心态不被来访者所动摇。持有无为和无知态度的咨询师进入来访者的内心世界理解来访者的感受时，不会混淆自己与来访者的感觉，也不会因来访者的各种感受而感到混乱或受到连累，他能够分清自己与来访者的感受，不会受来访者的影响。咨询师理解来访者的时候应进入来访者的内心世界，如同理解自己一般理解来访者，但这种理解是"如同"，咨询师不能忘记回到自我状态，不能受来访者各种感情的影响，应保持自我。

"无为"意味着咨询师放弃偏见，不为个人情感所左右

老子在《道德经》里通过道与万物的关系不止一次地指出领导者不是百姓的统治者，而是帮助者，因而不能按照自己的意愿干涉百姓的自然发展，而是帮助百姓自主地变化、发展，领导者的这种态度就是无为的态度。无为的态度并不意味着什么都不做，而是意味着按照事物的自然本性做事。例如，木工要根据木头的性质处理木头，石工要根据石头的性质处理石头，陶

工根据泥的自然特性制造瓷器,咨询师也要按照每个来访者的特征开展咨询。

无知作为无为的主要表现之一,意味着放弃可能引起对人或事物形成偏见或先入之见的理论知识,但这与藐视知识、提倡愚昧不同。无知并不是反对知识本身,而是作为一种认识事物的方法论,在认识某人或某事物时放弃那些可能导致偏见的知识。无知的态度不仅是认识道的重要的方法论,也是领导者理解百姓的重要方法论,同样也是咨询师对待来访者的重要态度。咨询师持有无知的态度时,对来访者和来访者的问题没有任何成见或偏见,完全进入来访者的心里,用来访者的观点认识并理解来访者和来访者的问题,同时能保持自己的心态不被来访者所影响、所动摇,即不被来访者的感情所连累。

老子的无为是一种人生处世的态度,这种无为实质是大道的表现。"无为"并不是消极的无所作为,"无为"只是一种手段,"无不为"才是目的。形式上是无为,但实际上是一种更高层次的为人处事的艺术,比那些具体的有为更能体现对任何客观事物自然规律的把握。"无为"不提倡正面去进取,而是采取"以退为进"的策略,其最终都是为了"无不为"。这不正是我们在心理咨询中所追求的最高境界吗?

在无为的心理咨询过程中,咨询师不添加任何的内容,只是鼓励来访者与之交流,这个交流过程、这种鼓励的态度就是无为的表述。咨询师随和着来访者体验的表达,在最低程度进行干预,以不太帮助的形式而内在、有效地帮助来访者。在此过程中,来访者也变得越来越有能力发掘其自身内在的智慧。

不善者,吾亦善之,不评判来访者

"故物或行或随;或嘘或吹;或强或羸;或载或隳。是以圣人去甚,去奢,去泰。"(第二十九章)正如道包容万物,持有无为和无知态度的人也能包容一切人或事物,不去评价他们、判断他们、干涉他们,更不会去强迫他们,因为天下万物生来就是多种多样的。因此，咨询中要放弃所谓的理性。用这种方法论去认识人或事物时不会评价对方、判断对方。

对他人的评价或判断需要一个标准，这个标准往往是自己的观点或想法。而一个已经放弃自己的观点、站在对方的立场去理解对方的人，意味着他已经没有了评价对方的标准，所以不会评价对方、判断对方。不评价对方也是包容的一种表现。无为就是虚静的状态，其中的“虚”包含着包容的含义，这说明如果能达到无知的状态就能包容一切。

咨询师不去评判来访者和来访者的问题，需要放弃自己的成见或偏见，站在来访者的立场上认识来访者，去理解来访者为什么会有现在的感觉、现在的想法、现在的行为。

评判会妨碍咨询师正确地理解来访者，真正的共感不是看来访者长得如何，而是与他一起看。为此，很多心理学家对有诊断性质的心理测试持有怀疑态度，他们认为这些测试等于给来访者贴标签，这个标签将来访者分类，并自始至终跟随着来访者，妨碍咨询师对来访者与来访者问题的正确认识。

“圣人常无心，以百姓心为心。善者，吾善之；不善者，吾亦善之，德善。信者，吾信之；不信者，吾亦信之，德信。”（第四十九章）圣人站在百姓的立场上看百姓，以百姓的心理解百姓的时候，便能够对百姓一视同仁，即不管百姓是否善良、是否守信都能包容他们。

咨询师要能够包容来访者、接纳来访者的问题，包容也是不评判的另一种表现，即在咨询师包容来访者以及他们的问题时，不对来访者进行分类，不判断来访者的问题，不评价来访者在咨询过程中的表现。不管他们的问题有多么严重，不管他们的言语是多么极端，不管他们表现出来的情感有多么复杂，甚至难以启齿，都能够包容他们、接纳他们，如同道包容万物一样。

接纳是咨询师必须持有的态度，是来访者与咨询师之间形成良好的咨询关系的重要条件。心理咨询中也将接纳称为无条件的积极关注，即咨询师对来访者的关心是无条件的，不管来访者说得好不好，不管来访者做得对不对，咨询师都会关心来访者，因此，接纳也包含着不评判的态度。

咨询师不带主观判断，不评判来访者，以一种开放、欢迎的姿态出现，留心接纳事物本身。这种接受、包容和信任来访者的态度,便能创造某些东西。这个过程的交流被充分鼓励和不强制改变,咨询师跟随并引导来访者内心自由地展开。来访者"开悟心"得到促发,有能力发掘内在体验的智慧,对生活的领悟增加了。通过"虚无",治疗过程在发展。

"三十辐,共一毂,当其无,有车之用;埏埴以为器,当其无,有器之用。"(第十一章)因为有了毂这个中间的空洞和器皿中间的空虚,才有了车和器皿的作用。"虚无"有大用。对于来访者产生的任何体验和防御反应,治疗者不添加任何东西,只提供支持,并把来访者的言语、姿态非常微妙地接替过来,这样不会激起对峙,反而提供了确切的安全感。来访者得以彻底放松自己,此时改变就已经发生了。

保持中立的视角,无条件地接纳来访者呈现的一切,咨询师坐在那里一起陪伴来访者去探索未知的自己,让来访者看到自己。跟随来访者的成长经验,感受悲伤、感受失落、感受焦虑,陪伴来访者慢慢体会、感悟,体会接纳、爱。让他们知道自己为什么会有这么多复合的情绪,是什么导致了现在的自己,咨询师会一直在这里陪伴你去探索未知的自己。

咨询师对来访者不进行任何形式或任何内容的判断和评价,而是无条件地包容和接纳来访者和来访者的问题。如同"道"的无为使万物得以自然成长、发展,领导者的无为使百姓得以自主地变化、发展,咨询师的无为与包容能促使来访者自主地变化、发展。

透视心灵,依于直觉与信仰

对一般咨询师而言,咨询技能与理性是他们最有效和可靠的手段,但依据老子的理论,对咨询之道而言,却要求抛弃这些。那么,要如何把握咨询之道呢?

老子曾感叹"信不足焉,有不信焉"(第十七章)、"吾言甚易知,甚易行。天下莫能知,莫能行。"(第七十章)可见悟道之艰,行道之难。心理咨询过程也是如此,咨询师要把握咨询的方法,也需要艰难的修行。咨询师应重视直觉的体验，这样才能沉浸于它，就会在当下开放地与他自身流动的情感和态度成为一体。

以心灵一体化意识的流动沟通千差万别的事物，就能在潜意识中认识到它。"道常无为而无不为。侯王若能守，万物将自化。"（第三十七章）当咨询师的行动与来访者的潜意识建立了合作关系，咨询过程就会沿着成长和健康的方向展开。这种相契相合的咨询过程就是自化的表现。这样，在咨询过程中事物自然运化，问题随之消失，从而使咨询实现"善行无辙迹，善言无瑕谪"（第二十七章）的理想效果。

本书在第三章中列举过一些心理问题的表现，比如，有人说："老师，我是不是活不了了，我咽口水都咽不下，全身也非常难受。"有人说："我总是担心家里的门在我走时没有关好，以至于我根本无法集中心思工作。"有人说："我害怕出门会碰上疯狗，得了狂犬病，因而不敢出门。"有人问："我血压高，肯定要得心脏病，是不是活不了多长时间了？"有人说："我一个眼睛大一个眼睛小，走在街上每个人都看我，压力太大，不想活了。"有人说："我天天都担心走在路上会被汽车撞到。"有人说："我担心发生第三次世界大战，使用核武器，每个人都会死，过不了多久就会被炸死了，现在还活着有什么劲……"

咨询师明白，来访者所描述的这些并不是什么世界末日，但做到让来访者明白这个道理却并不容易，正如老子所言："吾言甚易知，甚易行，天下莫能知，莫能行。"对咨询师来说看似简单的道理，对有着心理问题的来访者而言却无论如何也无法理解或做不到。反过来说，如果来访者能认识到问题的实质，他（她）也就不会产生这样的心理问题了。

来访者前来寻求咨询，大多想得到一种方法，而且急不可待——他们问：怎样可以解决吞咽口水的问题？怎样不再担心门没有关好？怎样保证出门不碰上疯狗？怎样证明第三次世界大战不会发生？如此等等。但我知道，即使我能找到办法，对他们也无济于事。即使我按他们的要求做到这一切，也不能消除他们内心的恐惧。何况根本没有这样的方法，何况他们的要求是不可能实现的目标。问题不在这里。

我们知道，在来访者臆想的"世界末日"的背后，一定有他们认知逻辑的错乱,但高明的咨询师并不急于把真相告诉他们。真相常常太简单,简单得让人难以置信、无法接受。心理咨询不是简单地说出真相,更不是跟来访者辩论他们逻辑的错误、偏差甚至混乱,而是跟当事人建立关系,跟他们一起探索,让他们在探索中自己发现真相,从而获得觉察。

因此,高明的咨询师会问当事人一些问题,比如,为什么你觉得吞咽口水(门没关好、碰到疯狗……)这么可怕?从什么时候开始害怕?产生这个感觉的时候,你在哪里?发生了什么?这些问题可以引导当事人沿着奔逃而来的路往回走,走进生活,去探索问题的起因,去了解自己的内心,去经历一个从假象("世界末日")到真相的过程,直到发现"世界末日"原来是一个对生活的想象。

发现诱发的原因,并不是最后的结果。诱发的原因不过是发生的事件,是症状的诱因,而症状的真正根源不是现实中发生的事件,而是我们内心里储存的恐惧。一个偶然的事件变成"世界末日"(症状),不是生活层面上的前因后果,而是心理转化的结果。

一句话,好的咨询师不是用理智和道德判断做咨询,而是用心灵、依于直觉与信仰做咨询。

为而不争,发掘来访者自身潜能

"上善若水。水善利万物而不争,处众人之所恶,故几于道。"(第八章)高水平的咨询师会以老子的不争精神进行工作,会根据来访者需求的不同,在不同的时间以不同的方式表现自己。

但无论以什么样的姿态出现,咨询师始终以来访者的自我发展为中心。每当咨询进程陷入阻塞时,他会乐意放弃自己努力的方向,留出足够的空间等待其他直觉的出现;而在令人惊喜的咨询效果出现后,却让来访者以为这一切不过都是自身努力的结果。但不少咨询师经常会夸大自身对咨询成功的贡献,而忽略了来访者在此过程中所付出的巨大努力。

实际上,咨询师并未创造出任何新东西,只是帮助来访者确认了其自身机体的智慧。因此，咨询师更像助产士，只是为来访者提供辅助性的作用，新生命一旦分娩诞生，属于谁那是不争的事实。因此，“功成名遂身退，天之道”（第九章），当来访者的真知灼见浮现时，咨询师应效法天地自然而然的法则，大功告成之日，即为功遂身退之时。

真正的治疗不应是一套刻板、冷漠的病理诊断程序，也不是药物万能的治疗模式；真正的治疗是生命的治疗，其中融合了对人的信心、爱心与耐心，反映出生命的理解力、想象力与创造力。

美国精神病治疗学家艾瑞克森（Milton H. Erikson）做过这样一个治疗案例：

有一天，在医院里，艾瑞克森遇到一个人过来向他打招呼，自我介绍说：“我是耶稣基督。”

艾瑞克森知道这是医院里的一个病人，他并没有表示惊讶，而是很随意地跟那个人聊起天来，其中还聊到了木工活——耶稣在世上从事的行当。

艾瑞克森问这位“耶稣”会不会干木工活。他还真的会一些。艾瑞克森就请他给自己做一张桌子，对方很高兴地答应了。

几天之后，当事人就把这件工作完成了，做得还真不错。艾瑞克森对他赞赏一番。

接着，艾瑞克森又请他做一些更复杂的家具，并且在技术上提高了要求。这位病人花了很大一番工夫，最终把家具做出来了，还做得相当精美……

后来这个病人出院了。

一段时间之后，艾瑞克森对他做了回访，发现他在当地成了一个小有名声的木匠，而且从那以后再也不说自己是“耶稣基督”了。

在这个案例里，我们看到，这个病人的问题在于他在现实中找不到自己的位置和角色，为此感到困扰，一度通过幻想自己是耶稣基督来自我安慰。艾瑞克森的治疗中贯穿了一个本质的东西，就是帮助他发展一种现实能力，由此引导他找到自己的位置，确认自己的角色，最终他放弃了“我是耶稣基督"的虚幻角色。

如果单从表面"症状"来看,心理问题或精神问题都算是一件极为不幸的事。但人们往往没有看到,在"症状"下面潜伏着强大的心理能量或生命力量。如果当事人意识到症状的遮蔽,克服症状的阻碍,在真实的生活中坚持成长,这些力量就会长出蓬勃的生命景象。

我接待过许多来访者,他们在治疗过程中获得了觉察的能力,意识到了自身的力量,并且敢于调用这些力量。他们经历了成长,超越了"症状",并且在生活中不断突破,最终成为越来越优秀的人。

在人类历史上有这样的伟大人物,他们在年轻时经历过严重的心理困扰,但后来能够突破阻碍,发挥出生命的巨大能量。西方伟大的心理学家荣格、罗杰斯以及伟大的存在主义哲学家索伦·克尔凯郭尔,中国伟大的哲学家庄子,都是这样的人。

举例来说,荣格在少年时期常常独自一人坐在山坡上的一块石头上,陷入一种冥想状态,以至于分不清自己是石头还是荣格——到底我是荣格,坐在一块石头上?或者我是石头,上面坐着一个叫荣格的少年?

这种"异常"的精神状态在庄子身上也曾发生,这就是著名的庄周梦蝶的故事。故事说庄子做了一个梦,梦见了蝴蝶,但醒来之后他就陷入了一种恍惚状态,不知他是庄周梦见了蝴蝶,还是他是蝴蝶进入了庄周的梦。

但不管荣格还是庄子,都没有因为这种精神"异常"而变成"病人",反而在这种异常里发展了精神力量,成为对人类心理与精神成长产生重要影响的伟大人物。

心理治疗的本质是促进生命成长与自我实现。有效的心理治疗是支持生命长大,大于心理疾病的限制;是增进生命力量,超越心理疾病的控制。

当生命长大了,心理疾病就变小了,它的局限就被克服了;当超越的能力增强了,心理疾病就失去了对生命成长的控制力。

心理咨询是对人全方位的关怀,关注生物、社会、心理、灵魂等各个生命层面,而不是停留在生物层面只看到"病",更不是单一靠用药来处理"病"。

绝圣弃智，安于不知道

老子认为，道不是感觉昭示的，亦不是通过理性昭示的。他提出“绝圣弃智”（第十九章）的思想，因为“智慧出，有大伪”（第十八章），并无限感慨地发问：“明白四达，能无知乎？”（第十章）

进一步，也是因为道玄妙难识，他又说“古之善为士者，微妙玄通，深不可识”（第十五章）。

由此可以明显看出老子厌恶智巧心机，认为心智是无益于大道的。因为“道”不仅“视之不见，听之不闻，搏之不得”，而且“不可致诘”（第十四章），也就是说，理性在对“道”的把握上是用不上劲的，如缘木求鱼般不得要领。

在心理咨询中，总有很多来访者认知存在问题，喜欢问“为什么”，包括生活中的一些常识他们也要得出与众不同的结论。

面对各种各样的“为什么”，有些咨询师会竭尽全力提供答案，热心得简直想把自己撕成碎片来喂养对方，让对方得到满足。结果往往是，当事人并不接受咨询师的答案，反而从这些答案里繁衍出更多的“为什么”来。

也有咨询师驳斥当事人的“为什么”，要跟对方辩出个黑白分明的真理来，结果把心理咨询变成一场无休无止的辩论，弄得双方都很沮丧。

咨询师真的就比求助者掌握更多的真理吗？

举个例子，有一个来访者追求泛爱，并认为只要有真爱发生，为什么要压抑自己呢？

咨询师如果说：“这是不道德的。”

对方就会问：“为什么不道德？你可以证明这事哪点不道德吗？”

从绝对的角度来看，咨询师不能对来访者做出道德判断。有的咨询师会劝说当事人“人生活在社会中，要考虑自身行为对他人的影响”，但这也没起什么作用。

来访者会说，“你不是告诉我要遵从自己的内心，要做真正的自己吗？

我的内心就是要找到真爱。”

咨询师需要了解,来访者的道德真的必须要遵从社会标准吗?心理咨询只要依从社会道德规范就可以了吗?

我发现,“个人方式与社会规范的冲突”其实是心理障碍的表现形式,当事人的冲突在哪,症状就在什么地方发生。

有一定要弄明白“为什么”的来访者,也有一定要回答“为什么”的咨询师。一个是什么都要知道,一个是什么都知道。在他们那里,心理咨询变成了求知与告知。

结果,来访者的“为什么”越来越多,咨询师的答案越来越穷于应付。原因很简单,“为什么”不是求知行为,而是永不餍足的症状行为。

“绝圣弃智”,咨询师要“安于不知道”。“安于不知道”不是一个方法,而是一条自我修炼的路,通向自我觉知。

对于咨询师来说,“安于不知道”就要抑制自己总要给出答案(好为人师)的欲望,留下空间让当事人自己经历“安于不知道”的自我修炼。

来访者与咨询师不是“求知”与“告知”的关系,咨询师可以对求助者说:我不知道。

在许多情况下,说“我不知道”比说“我知道”更有利于建立治疗关系,更有利于产生治疗效果。

“什么都知道”的咨询师不是一个真实的咨询师,更称不上是一个好的咨询师。就像来访者不需要“知道一切”一样,咨询师也不需要“回答一切”。

当事人有一个信念:把一切弄明白了,问题便解决了。但人的本质是,他不是全知的,人的基本困扰源自“我要知道一切”。

“安于不知道”里有中国人所说的“难得糊涂”的智慧,这便是“从心所欲,不逾矩”的境界。

当咨询师敢于说“我不知道”时,他就变得成熟了;当求助者能够“安于不知道”时,他就开始成长,开始认识自己。

咨询师和求助者都有勇气“安于不知道”,问题便趋于解决了。

自胜者强，强调来访者的自我意识

老子说：“知人者智，自知者明。胜人者有力，自胜者强。”（第三十三章）从心理咨询和治疗的实践经验来看，作为心理咨询常用的认知领悟疗法，就是通过谈话，进行深度的逻辑分析，帮助来访者意识到自己的心理问题与行为产生的原因，并认识到其危害性，找到问题的症结，提高来访者的自我意识水平，治愈由于自我意识水平不高而引起的一些心理疾病，如焦虑症、抑郁症、强迫性癔症等功能性神经症等。

来访者走进咨询室是寻求改变的，而这个改变是依靠来访者本身的心理模式取向来选择的，咨询师只不过提供了散布在不同层面和不同心理空间的改变的种子（信息），这些改变的种子就埋藏在来访者原有的心理空间中未被察觉，咨询师要做的只是引导来访者自身去触动它而已。

这种触动是个性的，它属于每个不同的个体，每个人都是独特的，所以每个个案也都是独特的。

老子哲理的“自知”“自胜”比“知人”“胜人”更重要，也更难以做到。

“知人”的咨询师是明智的，但真正明智的咨询师是认识自我，正确地评价自我，并在自我认知的基础上，学会面对焦虑而不是消极地躲避焦虑，承认生活本来就充满着紧张的刺激，体验人生的酸甜苦辣。在实践中尝试、总结最有效的解决方法，帮助来访者战胜困难，战胜自己，这就是“胜人者有力，自胜者强”的深刻含义。

荣格离世前说：“你连想改变别人的念头都不要有。作为老师，要学习像太阳一样，只是发出光和热，每个人对阳光的反应有不同，有人觉得刺眼，有人觉得温暖，有人甚至会躲开。种子破土发芽前没有任何迹象，那是因为还没到那个时间点。永远相信每个人都是自己的拯救者。”

在心理咨询中，一旦我升起“正确”“应该”“更好”之类的念头，就会和来访者失去联结。来访者也许会在头脑中赞同咨询师，但他的身体能量会退缩，以表达抗拒。

不改变别人，并非因为别人不可改变，而是改变的念头会阻碍别人的成长。

当咨询师觉得来访者应该变得更好的时候，已经看不到真相，看到的只是自己的投射。

正如医生连病人都看不到，怎么能治好病呢？

当咨询师有了足够高的觉知，就会发现每个人当下的体验就是他最需要的体验，而只有无评判的觉知和关注，才会点亮对方的心。

厚积薄发，咨询师个人成长至关重要

“合抱之木，生于毫末；九层之台，起于累土；千里之行，始于足下。”（第六十四章）参天的大树，由小苗一点点长成；九层的高楼，由一筐筐土筑起；千里的行程，开始于脚下。

在老子看来，大的事物总是由小的事物发展而来的，任何事物的出现，都有自身生成、变化和发展的过程。

他从“大生于小”的观点出发，用了三个排比句形象地说明“合抱之木”“九层之台”“千里之行”等大事物、大举动，都是以“生于毫末”“起于累土”“始于足下”等小事物、小行为开端的。

同时，他也告诫人们，做任何事情都必须具有顽强的毅力，从小事做起。只有打好坚实的地基，才能平地起高楼。

由此，我们不禁想到荀子《劝学篇》中的几句话：“积土成山”“积水成渊”和“不积跬步，无以至千里；不积小流，无以成江海”。

他们的思想观点明显有相同之处或承继关系。荀子吸取了老子“量变产生质变”思想的精华，从“为学”的角度进行了具体的阐发。

咨询师的个人成长也是如此，一定要有一个循序渐进、厚积薄发的过程，才能最终成长为成熟的心理咨询师。一般而言，咨询师的个人成长需要经历以下几个阶段：

（1）咨询技能学习阶段：代表咨询师的“学”技阶段。一个咨询师需要花费大量时间努力学习精神分析、认知行为、人本主义等理论与方法，并尝试融会贯通，为从事心理治疗奠定专业技能的基础。

（2）个人历练阶段：咨询师不仅需要理论方法的训练，更需要具备一定的人生经验，这时他才开始有所立，可以开始心理咨询与治疗的生涯。

有一个普遍的说法，一个人需要在心理咨询实践中磨砺十年，才能成为一个独立、成熟的咨询师。

到了这个时期，他对自己、对人生、对症状都有了确定的理解，他开始关注和实现自身人格成长，也只有这样，才能更好地帮助他人。

（3）顺其自然阶段：当心理咨询达到一个新的境界，可以叫自然。

这时，咨询师不仅对人生、世界有了领悟，还在咨询实践中达到了无阻隔的境界。

这时，咨询师的生命开始达到相当高的觉知境界，他经历了形式，进入了本质，融通了技巧，对存在有了根本的、整体的把握，他对咨询有了充分的自信，并且开始趋向于在咨询中顺其自然的状态，让咨询自然而然地进行。

他能够跟随来访者一起体验，不再证明什么，不去强求什么，能够因势利导，能够辨识天时、地利、人和，能够化解来访者的阻抗、消除来访者的心理问题于无形。

当他做这一切的时候，能够不露声色，不着痕迹。正如老子所言：“善行无辙迹，善言无瑕谪，善计不用筹策，善闭无关楗而不可开，善结无绳约而不可解。”（第二十七章）善于行走的，不留印迹；善于言谈的，没有语病；善于计算的，不用筹策；善于锁门的，不用关楗也能使门牢不可开；善于捆缚的，不用绳索也能使其坚不可解。

咨询自然而然地产生效果，当事人却不知不觉，或者知其然，却不知其所以然。

来访者享受到这样的咨询，并且高兴自己发生了变化，他内心里就产生了“我行”的感觉。

但咨询师不说：我行。他知道治疗的目标是为了树立对方，而不是自己。这正是“功成事遂，百姓皆谓我自然”（第十七章）的至高境界。

高水平的咨询师，让改变在“天时”“地利”“人和”的状态里孕育，让改变按自己的步骤和方式发生。

这时,他成了一个“无为而无不为”的咨询师,咨询按着自然的方式去做,不是强求,而是因势利导;不是拔苗助长,而是春风化雨。

只有这样,才做得恰到好处,才能达到“无不为”的效果。

(4) 道法自然阶段:该阶段比顺其自然又上了一个台阶,到了这个阶段,咨询已经进入化境。

这个时候,已经没有了咨询师与来访者之分,他们一起进入自由的流动,那感觉如同驾驶车辆产生的人车一体的感觉。

在这种心理咨询的境界里,自我与他人相互感通,进入一种自由的境界,一种不被物累、不受念惑的境界。

这时,咨询师不仅了解了本质,而且在本质里做自由之行。

他了解规则,但超越规则;他享受自由,但不求绝对的自由;他无为,而无所不为;他静柔,但充满力量。

他知道自己要到哪里去,就自然到那里去。

咨询室内发生的一切,都已符合咨询之“道”。

第七章

把握咨询之“道”：来访者角度

心理咨询的核心在于来访者的个人成长

《道德经》中强调了人应致力于自我的认知和向内追求的思想，主张通过自我的调整而达到与社会的和谐相处，并增长内心的力量。

“知人者智，自知者明。胜人者有力，自胜者强。”(第三十三章)老子论述了自知与自强，通过对自我的认知和自我意识的增强以及自控能力的提高来使身心得到调整，心灵得到超脱，从而形成内在的评价体系，不会轻易受外界的影响和左右，防止随波逐流。

“知不知，上；不知知，病。……夫唯病病，是以不病。”(第七十一章)知道自己不懂什么，很好；不知道自己的无知，就有病了。只要能把病当成病，才可以不病。老子认为“自知”“自胜”比“知人”“胜人”更重要，更难以做到。

因此，一个人要能知道自己，认识自己，了解自己，知道自己有什么问题或缺点，好去应付，并能很好地把握，最终实现“更好地做自己”，而不是努力去寻求“做更好的自己”。

荣格认为心理是一个自我调节的系统，其功能是有目的地从内向外发生影响，从而使人达到一种更为完整和谐的生活状态。心理分析的目的是达到精神的整合。这种整合只有在被分析者的心理取向从对外部价值的执着返回到对内在价值的追求时才能实现。心理治疗是实现来访者的意识、个人无意识和集体无意识三者之间进行对话而达到人格的整合。

人本与存在治疗体系认为：个人生命的目标就是通过自觉规划实现自身的潜能，找到人类存在的尊严和意义。卡尔·罗杰斯认为每一个人都应主宰自己而不是受别人的主宰。

自主能力在于个人，而不在外部。无论是环境力量，还是外在权威，都不能替代这个内在生长的力量。治疗的目标是采取一种存在方式以便通过人际关系的作用使当事人的自发建设力量得到发挥，使人格得到成长，从而表现为学会倾听自己，与内部的声音对话，接纳自己的情绪和感受，排除以往的压抑、否认、内疚和迷惑，表达自己的深层体验，真实地面对自己。勇于创新和探索未知的存在领域，从而过一种创造性的生活。

心理咨询目标是来访者内心的安静与平和

“企者不立，跨者不行。自见者不明，自是者不彰，自伐者无功，自矜者不长。其于道也，曰余食赘形，物或恶之，故有道者不处也。”(第二十四章)意思是踮起脚跟立不牢；跨步前行走不远；欲显现自己，却显而不明；自以为是，不能名扬；自夸功劳，失去功劳；自高自大，难以长久。这些急躁炫耀的行为，惹人所厌。因此，提倡人若能不贪婪，不强求，祛除自己的野心，使内心平静，就不会让自己陷入困境。

正如林语堂先生曾说：“道家在世事离乱时能为中国人分忧解愁……当肉体经受磨难时，道家学说给中国人的心灵一条安全的退路口。”故老子思想的向内追求是试图控制自己的欲望、贪婪和强制行为而保全性命，改善处境，以宽容、谦下、柔弱和无为的态度达到与社会的和谐。《道德经》中类似的论述还有很多，如“祸莫大于不知足，咎莫大于欲得”(第四十六章)，“曲则全，枉则直，洼则盈，敝则新，少则得，多则惑。”(第二十二章)

“柔弱胜刚强”(第三十六章)，这里的守柔处弱不是衰弱，也不是懦弱，而是一种独特的取胜之道和生存之道，是一种富有生命力的状态，是在自知、自强基础上的一种生存态度。正如“大直若屈，大巧若拙，大辩若讷。躁胜寒，静胜热，清静为天下正”（第四十五章）。能知和处下就可减少人际冲突，能知足知止就不会因放纵过度而损害他人或社会的利益。因此，老子说“知足不辱，知止不殆，可以长久”（第四十四章）。若能降低利己私心与过度的争权、争名，对人对己不作过高的要求，有所不为，然后有所为，适可而止，才能知足常乐，也就达到了一种自强、自知、宽容、平和的心态。这正是来访者改变的目标。

老子非常注重保持人的自然本性。他极力反对儒家人伦礼教对人的异化。他认为，儒家的人伦之“礼”对于人的教化，使人拘执于礼的外在的形式，而失去了礼的内在的精神，导致了情感的规范化、程式化，遮掩了人的真实情感。他认为人的不自由主要是因为人受着各种外在的束缚：人追求物欲，要受衣食财富的束缚；人追求道德，要受功名利禄的束缚。因此，他主张“圣人去甚，去奢，去泰”（第二十九章），也就是要去掉过分的追求，去掉过分的欲望，去掉过分的期盼。这样，人就会像婴儿般地自由自在地生活，这就是老子所说的“常德不离，复归于婴儿”（第二十八章）。因此，与儒家“修身、齐家、治国、平天下”的积极入世思想不同，道家提倡“见素抱朴，少私寡欲”（第十九章）。

当今社会竞争激烈，人的压力过大，造成的心理问题日益增多。原因有很多，但其中之一，就是我们过分追求自我欲望的满足，过分追求事业的成就，过分关注自身的完美和过多的不合理的信念，因无法满足或达到目的而发生心情上的失望与颓丧。

我们用空盆接水，正好；用半盆水再接水，要注意；如果端一盆满满的水再去接水，那就是有病了。

非常不幸的是，人们往往都是在“满盆接水”，永不知满足，浪费了溢出的好水。

针对这样的情形，心理咨询师可以帮助求助者重新评价自己对自己欲望的看法，能以“少私寡欲，知足知止”的心理面对自己的欲望，不再为世俗所累，在精神上如同婴儿般地自由自在，有助于解除自己给自己的心理压力。

心理咨询的关键是来访者对自己和他人的宽恕

宽恕是一种自我保护机制

老子的内求思想中包含了一个重要的理念,即宽恕理念。“善者,吾善之;不善者,吾亦善之,德善。信者,吾信之;不信者,吾亦信之,德信。”(第四十九章)善良的人,我会善待他,不善良的人,我也以善意对待他,结果就会使他也变得善良。诚实之人,我信任他,不诚实的人,我也信任他,结果就会使他也变得诚实起来。

宽恕一直被作为宗教的课题,进入心理学领域只有20年时间,但西方心理学家对宽恕的研究已经取得了丰富的成果。

大部分心理学家认为宽恕是一种自我保护机制,它可以使个体平缓愤怒,减轻痛苦,摆脱恐惧,还可以使个体增加希望,提高自尊,保持平和的心境;宽恕有助于建立和维护与他人的良好人际关系,改善和恢复已经破裂的人际关系,减少攻击行为,有利于适应社会和改善心身健康。

宽恕是一个良性循环过程,越倾向于宽恕别人的个体越容易被别人宽恕,也更愿意宽恕别人。

虽然如此,但对于遭到严重创伤的个体,希望其从惊恐怒恨、惊疑惧悲、惊怕恶羞等复杂的负面情绪向正面情绪转变是非常困难的,有些敌意强烈的受害者会有极强的报复动机,从而会有社会危害性。

针对这种情形,老子思想中的“报怨以德”方式可值得借鉴。“和大怨,必有余怨,安可以为善?是以圣人执左契,而不责于人。有德司契,无德司彻。天道无亲,常与善人。”(第七十九章)意思是调解深重的怨恨,必然还有余留的怨恨,这怎么算是妥善的办法呢?因此,“圣人”保存借据的存根,但是并不向人索取偿还。有“德”的人只是管理借据(而不索债),无“德”的人则强行索取。自然的规律是没有偏爱的,经常帮助善良的人。

因此,对于怨恨深重、报复欲强的个体,第一步可以采取执左契而不责于人的方法，先不索取偿还，而将欠债保存下来，明白对自己造成的伤害，也清楚冒犯者的欠债行为，暂时将此怨恨记在账上，但并不去实施报复行动。

这样受害者得到受害同感和理解后，虽有心理的怨恨但已经有了理智行为的可能性，有利于第二步内部宽恕的真正实现。

“天道无亲，恒与善人”也有其深刻的含义，暂不偿还的行为伴随着时间会有新的事件发生，时间、环境、事件的迁移会使受害者体验新的感觉，没有报复行动的受害者迟早会有新的支持和补偿，这是天“道”使然。有了支持的个体才会趋向于宽恕。随着时间和宽恕，才能真正使创伤愈合。

宽恕意味着接受

宽恕意味着对身边所发生的任何事情的坦然接受，接受便是成长。

人最先该宽恕和接受的，是自己。一个人如果不喜欢不满意自己，是无法真正喜欢别人的。一切利他的思想、语言和行为的开端，就是接受自己的一切并真心喜爱自己。只有这样，才能爱别人，才能爱世界，才能有真正的安定和无畏，也才可能有广阔的胸襟。

有些人把爱自己、接受自己等同于自私自利，这是误解。如果仔细体会，你会发现一个人如果对自己不喜欢、不满意，就会很容易生出嫉妒心和怨恨心。如果把消极思想比作一棵树，那么其树根就是“嫉妒心”和“怨恨心”，要砍掉这个树根，必须懂得如何宽恕。

人的一切痛苦，都来源于不接受——没有取得好成绩，没有考上一所好大学，没有找到一份好工作……失去了一个心爱的人，失去了一份好工作，失去了一次好机会……因为不愿接受、心有不甘，痛苦因之而生。

不接受，从根源上不是不能接受那些事，而是不能接受自己。因为人有无数的欲念，最大和最深的欲念则是“自我”，它是所有欲念的总司令。一切因得失而生的痛苦，都源于自我受到了伤害——觉得自己无能、卑微、怯懦、幼稚……所以不能接受。

一旦接受了那些不能接受的事，心便能立刻归于安宁。一旦接受了自己的不足，心便能登时万念俱息。

当你宽恕了自己,也便宽恕了世界。接受的实质,是承认自己的不好,但是放下,是以全新的姿态去追寻更好的自己。

“天下皆知美之为美,斯恶已;皆知善之为善,斯不善矣。故有无相生,难易相成,长短相形,高下相倾,音声相和,前后相随。”(第二章)如果世间的人都明了美的东西是美的,那么丑恶的东西就暴露出来了;都知道善良的行为是善的,那么不善良的行为就显露出来了。有和无产生于相互对立,难和易形成于相互对应。长和短显现于相互比较,高和下存在于相互依赖,音和声和谐于相互应和,前和后出现于相互对比。

天下事物,在表观上总是分为真、善、美和假、恶、丑两个对立的方面。然而任何事物或善或美、或恶或丑都具有两重性和可变性,都是相对的而不是绝对的,它们可以“正复为奇,善复为妖”(第五十八章)。美的可以造成恶的结果,善的会造成不善的影响。

不去求美,就不会有丑。世界本来是不善不恶的,欲望或恐惧让人对它有了价值判断,开始追求美、善和精致奢华。

无论是对精致、奢侈、金钱、权力的追求,还是对仁义、道德、礼仪、才智、纯洁的追寻,对幸福而言都没有优先权。科技、发展与权力给人一时的满足,却都不是幸福和自由。分别越细,就越局限,心胸就越偏执。本来是为了幸福自由,反倒心为形役,陷入无尽的烦恼和痛苦当中。

真正的幸福藏在平常自然之心里以及对简单生活的满足里。

“大道废,有仁义。智慧出,有大伪。六亲不和,有孝慈。国家昏乱,有忠臣。”(第十八章)社会秩序遭到废弃,才有了仁义的产生;智慧得到应用,才有了邪恶的虚伪;看到家庭不和的危害,才有了对孝慈的提倡;国家动乱,才显出了谁是忠臣。老子把辩证法思想应用于社会,分析了智慧与虚伪、孝慈与家庭纠纷、国家混乱与忠臣等,都存在着对立统一的关系。

老子认为智慧是大伪出现的原因,这里老子并不是要否定智慧本身,而是反对伴着智慧出现的虚伪、狡诈、欺骗,这是不安守本分最明显的表现。

看我们人类的今天,许多人由于汹涌澎湃的欲望,而放弃诚实、守信,甚至干起了诸多违法的勾当,导致“无商不奸”“世态炎凉”的言论经常出现。

老子告诫我们——做人要抛弃对“智慧”“孝慈”“忠臣”的过分追求,安守本分才无大碍，如此社会才会安定，家庭才会和睦，国家才能长治久安。

万法阴阳。没有失就没有得，没有错就没有对，这是天道本来、万物常态，没有什么不能放下，也没有什么不能宽恕和接受。

在此，我们引用德国心理学家海灵格的一首诗，读者可从诗中品味出接受的意境和意义。

我允许

海灵格

我允许任何事情的发生
我允许，事情是如此的开始
如此的发展，如此的结局
因为我知道，
所有的事情，都是因缘和合而来
一切的发生，都是必然
若我觉得应该是另外一种可能
伤害的，只是自己
我唯一能做的
就是允许

我允许别人如他所是
我允许，他会有这样的所思所想
如此的评判我，如此的对待我
因为我知道
他本来就是这个样子
在他那里，他是对的
若我觉得他应该是另外一种样子
伤害的，只是自己
我唯一能做的
就是允许

我允许我有了这样的念头
我允许,每一个念头的出现
任它存在,任它消失
因为我知道
念头本身本无意义,与我无关
它该来会来,该走会走
若我觉得不应该出现这样的念头
伤害的,只是自己
我唯一能做的
就是允许

我允许我升起了这样的情绪
我允许,每一种情绪的发生
任其发展,任其穿过
因为我知道
情绪只是身体上的觉受
本无好坏
越是抗拒,越是强烈
若我觉得不应该出现这样的情绪
伤害的,只是自己
我唯一能做的
就是允许

我允许我就是这个样子
我允许,我就是这样的表现
我表现如何,就任我表现如何
因为我知道
外在是什么样子,只是自我的积淀而已

真正的我，智慧具足
若我觉得应该是另外一个样子
伤害的，只是自己
我唯一能做的
就是允许

我知道
我是为了生命在当下的体验而来
在每一个当下时刻
我唯一要做的，就是

全然地允许
全然地经历
全然地享受
看，只是看

心理咨询的有效路径是来访者的“致虚守静”

老子的“致虚守静”思想同样适用于来访者。“致虚极，守静笃”（第十六章）是一种全然的物我一体、心身如一的状态。

没有内外界限，也没有内心的冲突，心灵完全开放，心身没有区别，个人的自我（ego）与包括全部无意识在内的整个人格的主体，也是个人精神生活的本质所在的超个人的自性（self）的和谐统一，实现了个人意识与宇宙精神的沟通，心理能量充分整合。

借助于致虚守静的功夫，可有效地改善机体的整体状态，在心理整合的同时伴随着生理的协调。

20 世纪 60 年代末产生于美国的超个人心理学，反映了这个时代的精神需求,它继承了许多古老的文化传统,特别是东方思想。强调宇宙人生的真理靠直觉的领悟才能获得,而不是靠理智的分析与推理;获得领悟的途径往往是各种形式的静修,在静修中得到智慧,并达到精神自由的境界。

在超个人心理治疗中,静修(meditation)之路具有对意识状态和身体同时给予重视的特点,是超个人心理治疗领域通往高层精神体验的主要途径之一。它可以单独施用,也可以作为帮助个体精神成长的一种辅助手段而与其他心理咨询技术结合运用。

作为一种心理治疗技术的静修,通常不与特定的信仰系统相联系,它通过摒弃日常心理困扰,体验本来清净的心灵,从而达到心灵的开悟。它的目的是追求最佳的意识和心理健康状态。

"五色令人目盲;五音令人耳聋,五味令人口爽。驰骋畋猎令人心发狂,难得之货令人行妨。是以圣人为腹不为目,故去彼取此。"(第十二章)缤纷的颜色、纷杂的音调、过于丰富的饮食、纵情狩猎、稀有物品都易使人心不安宁,故要摒弃物欲的诱惑。

"治人事天,莫若啬。"(第五十九章)是说治国养身要吝惜精力。结聚精气而致柔顺,洗清杂念而深入观照,天门与外相通以至通晓四方。"塞其兑,闭其门;挫其锐,解其纷;和其光,同其尘。是谓玄同。"(第五十六章)是说要塞住嗜欲的孔窍,闭起门径,含敛不露锋芒,与光、尘混同,即和光同尘。

这些通过宁静、内观、养炼精气而达内外相通的思想,与道家的打坐、内丹以及融合道家思想的禅宗坐禅,都为超个人心理治疗提供了丰富的思想基础和操作方法。

当代社会对它的热情接受也表明了静修对身心健康的良好功效,一项关于老年人实施静修训练的研究结果表明,静修会发生显著的健康促进作用,甚至还可能延长人的寿命。在更深的层次上说,静修提供了一条回归人类真实本性的途径。

通过心理咨询让来访者能做到老子提倡的致虚守静,心理问题则能得到有效的缓解。

如何引导来访者做到致虚守静呢?结合老子哲学思想,借鉴认知行为疗法,我们从下面几个方面进行论述。

致虚守静需要活在当下

致虚守静的首要条件是活在当下，多数人没有活在当下。

“致虚极，守静笃。万物并作，吾以是观其复。夫物芸芸，各复归其根。归根曰静，静曰复命。复命曰常，知常曰明。”（第十六章）使心灵达到空明虚无的境界，就会拥有清静自守的状态。万物繁茂地生长起来，而我却在平静中观看着它们循环往复。万物纷纷纭纭，但最终都要返还到自己的初始状态。万物回归于初始状态就是静静地死亡，死亡后会再次拥有生命。这种生命的反复过程是永远不变的，懂得这个永远不变的道理可以算是明智。

“重为轻根，静为躁君。”（第二十六章）重是轻的基础，静是动的本源。静水流深。内心的静是我们看事情、思考问题的基础之一。静能定，定能生智慧。

大自然的美好一直存在于人们周围的世界里，像是空中的云及丛林中的花、草、树木、枝头小鸟等，虽然它们很美，但我们从来都不曾抽空去自由地观察它们。如果对于这些美的东西视若无睹，那么我们就会完全错过生活的美妙，生命变得支离破碎，不再是完整的，并充满各种矛盾，这一切让生命变得平庸，是在浪费生命。

但大多数人的生命经验，却真的就是这个样子。

当你握着心爱伴侣的手在美丽的公园散步，虽然明月高挂，景色优美，但你并没有欣赏景色。你虽然牵着伴侣的手，但也没有留意她（他）的存在，你脑袋里只烦恼着生活琐事与回味往事的苦痛——你根本没有活在当下。

当你听着某个人在讲话的时候，你的眼睛虽然看着他，但你的心已经飘到某个远方，你只是假装在聆听。或者，你也没有认真在听，你一直用着思想下的知识、经验或信仰，自以为是地在分析、判断、比较与批评，你离开了当下。

当你看着一朵花的时候，你在思考：“啊！这朵花好美丽。”你的思想在分析着花的颜色、大小、形状，等等；或者，你陷入了回忆，由花联想到初恋情人。那你绝对不是在当下觉知花，你是在进行思想运动。

人们的心念总是撇不开过去的回忆、经验、生命的渴求与对未来的幻想，这些虚相令我们的生命永远在非当下的心灵活动中来回飘浮摆动，令我们无法觉知真实的生命。请思考一下,我们每一天有多少时间是留在当下的?我们有能力将生命留在当下吗?

现代人经常用思想面对复杂与高压的生活,而思想又是创造情绪的源头。现代人如果懂得放下思想,活在当下,必然会产生不一样的生命经验。

在当下觉知时,你的身体会彻底自然地放松,思想会自动停止运作,心灵内的时间、恐惧与痛苦都会消失,滔滔不绝的心念会转换成清澈水潭面的明镜,映照一切,但不受制于一切;新的内在平和、喜悦的秩序会被创造,而无条件宁静的爱与生命智慧会悄悄地自动升起。

我们可以在清晨时睁开眼睛,观察大自然中的景物,看着初阳跳上山巅,看着阳光照射大地,看着夕阳落下海面,看着飞过天际的鸟、树丛中的花朵、山石与流水。看的时候请不要思考或联想,只要全神贯注地看着就好。

致虚守静需要身体放松

致虚守静的第二个重要条件是放松,整日紧张兮兮的人是没办法做到守静的。放松的方式就是让自己的身体变得柔和。

老子在《道德经》中多次强调"柔"的作用。例如,"人之生也柔弱,其死也坚强。草木之生也柔脆,其死也枯槁。故坚强者死之徒,柔弱者生之徒。"(第七十六章)人降生时身体是柔弱的,死后身体是僵硬的。万物草木初生时是柔弱的,死后是枯槁的。因此,追求刚强是一条死亡之路,保持柔弱是一条生存之路。

老子在对人生和自然社会进行深入观察的基础上认识到:在天地万物的发展过程中发挥主要作用的是内在因素,坚强刚硬的事物将逐渐失去生机,往往容易被毁坏;而柔弱的事物往往更有生命力,充满了生机和希望。表面上的坚强刚硬往往并不是真正的强者,柔弱才是真正的强者。因此,老子说:"强大处下,柔弱处上。"(第七十六章)

又如,"天下莫柔弱于水,而攻坚强者,莫之能胜。"(第七十八章)天下没有比水更柔弱的东西了,然而穿透坚硬岩石的力量没有能够比得过它的。水的体性至柔,柔能够克服刚。在柔弱与刚强的对立中,甘愿居于柔弱的一端,正是因为"柔弱"的实质,由于它的含蓄内敛,往往较富韧性;而"刚强"的东西,由于它的彰显外溢，往往暴露而不能持久，“是以兵强则灭，木强则折”（第七十六章）。

修身也是如此，很多有心理问题的来访者，无论身体还是面目表情都是很僵硬的。要想实现放松，就要先让我们的身体达到柔和，不再僵硬。我们可以采用以下的方法来放松自己。

靠在沙发上，让全身各部位处于舒适状态，双臂自然下垂或搁置在沙发扶手上，同时想象自己正处于令人轻松的情境中，例如，静坐在湖边或者漫步在一片美丽的田野上，使身心达到一种安静平和的状态。

然后，依次练习放松前臂、头面部、颈、肩、背、胸、腹及下肢，重点是面部肌肉的放松。

每日一次，每次20～30分钟，一般6～8次即可熟练应用。我们可以在家中反复练习，直至能在实际生活中运用自如。

在此，附上咨询师为来访者放松的引导词：

准备：手机静音，解下手表，松解束缚，调整姿势让身体放到非常舒服的位置。

深深地呼吸，吸气时让肚子鼓起来，呼气时让肚子扁下去。

吸——气——呼——气，吸气时请你想象清新的空气通过你的气道进入肺，通过血液带到全身的每一个器官、每一个细胞，让每一个细胞都感到非常舒张和充满活力，呼气时，将所有的紧张不适和烦恼都统统地呼出去……

深深地呼吸，把所有的注意力放在这一呼一吸上，随着每一次呼吸，你都会感到自己的身体会变得越来越放松，内心越来越宁静，心灵越来越平和。

很好，你做得很好。

深深地呼吸，一边深深地呼吸，一边跟着我引导放松你身体的每一个部位，当我说到那个部位，请你注意体会那个部位放松的感受。

头顶有一束白光，头皮放松，额头放松，眼皮轻轻地覆盖在眼球上，很沉很沉,不想睁开了。鼻腔只有轻轻的空气在流动,脸颊两边的肌肉放松,耳朵周围的肌肉也放松,上下牙齿轻轻地松开,下颏轻轻地牵拉着,放松。

脖子软软地像一根管子一样连接着头部和身体,放松了。肩上放下了一切负担,放松了。两只胳膊轻轻地牵拉在两边,放松了。胸部放松,胸部放松后,你的呼吸会特别顺畅;腹部放松,腹部放松后你的肚子软软的;臀部放松;大腿放松;膝关节放松;小腿放松;双脚和脚指头也放松。现在,你全身都放松了。

很好,深深地呼吸,仔细地体会全身放松的感觉,因为这样的时候,随着你的身体深深地放松,你得到很好的休养,你的内心得到很好的滋养,你的心灵和谐,内心越来越有力量。

深深地呼吸,再次深深地体会此时此刻内心美好的感觉(停约十秒钟)。

这是一次重要的体验,下次再放松时,你将会进入更深沉更放松的内心状态。

一会儿我数“三”的时候,你深吸一口气,一会儿我数“二”的时候,你手指头动一动,一会儿我数“一”的时候,你把眼睛慢慢地睁开。当你的眼睛睁开的时候,你会感到全身放松舒适,神清气爽,内心平和,全身心地投入到心灵体验的过程中,内心将体会到深刻的感受,不断地成长,直至你生命中最美好的时刻。

三——二——一——

致虚守静需要放空思想

“载营魄,抱一,能无离乎?专气致柔,能如婴儿乎?涤除玄览,能无疵乎?”(第十章)身体和灵魂能够合为一体,做到不相分离吗?专一精神以达到一种柔弱状态,能够像婴儿一样恬淡吗?清除心灵的疑惑妄见,能够不再执迷吗?

人类被称为万物之灵长,主要是因为人类拥有精神和意志,能够进行独立的思考和判断。这样一来,人类对自己周围的事物便有了自己的评判标准,人的主观意识便发挥了它的能动作用,人们就是通过这种主观对客观的思索来改造周围的世界。

然而，人的灵魂和意识所能发挥的作用有很大的局限性，所以人难免会犯错，造成无法挽回的损失，并为此懊悔、痛苦。拥有情感体验是人类区别于其他生物的显著标志之一。

我们也可把灵魂比喻成理想，肉体比喻成现实，理想和现实总有很远的一段距离，而且美丽的理想在残酷的现实面前常常会变得不堪一击。理想和现实常相分离的状态，常常会令人痛苦、无奈而又彷徨。

现实生活中，一个人要是始终神经紧绷，处于紧张状态，就会导致身心疲惫、精神涣散。

老子强调“抱一”，就是让人抱持大道。一个生命抱持大道意味着什么呢？

生命终归表现为具体的形质肉体，拥抱大道，与之契合，就意味着肉体、躯干、形骸获得一种精神层面的价值，走上和谐美满之路，不再有欲望的混乱、芜杂和冲动。

“专气致柔”就是把自己的精神与元气凝聚起来。如果我们能够集聚体内精气而长久保持婴儿般的柔软体态，自然身康体健。我们必须经过心灵的活动才能达到精神与元气相合。

“涤除玄览”是老子思想中最重要的观念。内心有杂念，似乎无时无刻无处不在进行中，连做梦也是没什么章法的。杂念一定要清洗掉，清除干净，摒除一切妄见妄念。做到了这一点，心不是空空如也了吗？又有何为呢？

这正是禅宗六祖慧能“菩提本无树，明镜亦非台；本来无一物，何处惹尘埃”的境界。你的心要返回来，观照内心的本觉空明。

因此，致虚守静的第三个重要条件是放下思想。当你想放下思想时，不要对思想嘶喊说：“不要再想了！”那一点用处都没有，因为你正在用另一个思想去排斥思想。

你如果想放下思想，不必排斥思想，只要专注在某个与思想无关的东西就可以了。比如，仔细地观看大自然、某个对象，或者听海涛声。由于我们的心念一次只能放一件东西，所以当你在心中摆上某个物件时，思想就无法运作。

当思想放下后,要用五官意识全身心仔细地观照眼前的景象。观照的时候,要能放松、宁静、没有知识与经验参与,没有分析、比较或批评,没有回忆或未来,没有情绪,并容许心灵在自由中不设限地观察一切细节。

比如,养花种草就是一种放下思想、致虚守静的良好方式。当我们看着花时,不是单用眼睛去看着花而已,而是投注所有的五官意识,非常专注地去观照花的一切。

此时,我们心中没有思想;心中没有描述花的语言,因为语言是思想下的产物;心中没有指认花的名字,因为名字是思想下的知识;心中没有描述花的特征,因为花的大小、形状、颜色是思想下的判断;心中没有任何评估、比较、判断,因为这些都是思想下的运作;心中没有由花联想些什么,因为回忆的联想是思想下的运作;心中没有情绪,因为情绪也是思想运作下的产物。

看花时,就连我们自己都像是不存在了,因为思想不在。

第八章

把握咨询之“道”：咨询过程角度

卡尔·罗杰斯说：“就目前的知识而言，我们真的不知道咨询的本质过程是什么……这里是一种咨询过程的新的探索性的假说，心理咨询过程不是被看作与当事人过去的记忆有关，也不是与他对目前面临问题的探索有关，也不是与他对自己的知觉有关，也不是与他害怕接纳意识的体验有关。”

人们总是指出，心理咨询师中的高手其实做得很少。他只是帮助我们认识到，我们是怎样给自己施加了压力以及我们的成长和改变怎样与我们所做的一切发生着联系。他为内在智慧提供了完美的自由，引导我们向该去的地方前进，即使这意味着要离他而去也是如此。

咨询过程的开始：咨访关系的建立

心理咨询的开始阶段十分重要，为整个咨询过程奠定了主要基调。

首先，在这个阶段，咨询师要确立对来访者正确的咨询态度。“天地不仁，以万物为刍狗。”(第五章)天地没有偏爱，视万物如用草扎成的狗一样。咨询师对待来访者也应不带个人强烈的感情色彩，对来访者没有偏爱，一视同仁。

其次，咨询师要在来访者面前展示出良好的个人形象。“不自见，故明；不自是，故彰；不自伐，故有功；不自矜，故长。”(第二十二章)他们不自我张扬，所以才名传天下；不自以为是，所以才有所显扬；不自我夸耀，所以才功勋卓著；不自高自大，所以才显得高于众人。不自见、不自是、不自伐、不自矜，这样，来访者才能充分信任咨询师，从而建立起良好的咨访关系。

最后,要将咨询技巧运用于无形之中。“善行无辙迹,善言无瑕谪,善计不用筹策,善闭无关楗而不可开,善结无绳约而不可解。”(第二十七章)善于行走的,不留印迹;善于言谈的,没有语病;善于计算的,不用筹策;善于锁门的,不用关楗也能牢不可开;善于捆缚的,不用绳索也坚不可解。咨询师以春风化雨、润物细无声的方式逐渐融入来访者的内心,达到善行无辙迹、善数而不用筹策的咨询效果。

一例咨询的开端并不是一开始就单刀直入地探讨来访者的困难。在此之前还有一个初始预备期,即心理咨询场面的设定和心理咨询开始前的心理学诊断。

进入实质性的咨询之后,来访者的自然反应就是谈论他(她)的困难,而这也正是我们希望他(她)做的事。

这一阶段,咨询者心中始终要意识到关系的发展,并小心地选择反应方式。此外,咨询者要认识到尊重、热情、真诚、共情和积极关注等咨询态度的重要性,这对咨访关系的建立和发展具有很重要的影响。

咨询者要尽可能详细地了解来访者,如年龄、职业、文化程度、健康状况等。尤其是要掌握求助者的基本性格特征,是内向还是外向、乐观还是消极、平和还是易怒、进取还是退缩、自制还是冲动等及其表现程度。因为不同的性格与发生心理问题的种类、原因、过程和解决问题的策略等有关,也影响到咨询师所采取的咨询策略。

确定咨询目标是咨询全过程中意向性阶段的任务,通常是在了解情况和确认问题后开始讨论咨询目标。

在目标讨论中,来访者的期望是一个要慎重对待的问题。处理得好,期望会成为改变的助力;处理不好,则可能失去这一宝贵的力量,甚至可能产生阻力。处理的原则是:设法激起或维持期望,并把期望转化成目标或把期望塑造得与目标一致。

有些来访者主要是由于感受到痛苦而来求助的,他们对咨询能给自己什么以及通过咨询自己想达到什么,只有模糊的概念。当你询问他(她)“想得到什么帮助”时,你可能会碰到以下一些反应:

“……”(沉默,说明他或她没想过这个问题)

“我就想找个能理解我的人说说……”

“我说不太明白，我希望你能帮助我。”

“太多了，一下子说不清楚。”

以上这些反应都说明来访者缺乏明确具体的期望。但这并不说明来访者对咨询不抱希望，他（她）内心里仍然强烈地指望咨询能给自己帮助。

对于这类情况，自然需要咨询者主动诱导。有些心理咨询专家总结的经验是，从情绪感受入手，渐近具体期望和目标。一般来说，来访者都有真切的痛苦感受，任何来访者都希望能解除痛苦和烦恼，从这一点切入会立刻产生共鸣。从情绪目标引发出去，逐渐涉及认知的和行为的目标，这样一来，讨论就会比较自然、顺畅。

咨询过程中的“有”与“无”

心理咨询过程是咨询师和来访者间的内涵相同的体验关系。咨询是由以广泛的方式体验到的在与治疗师有情感意义的关系中的自我组成。言语——无论是咨询师的还是当事人的——被看作是几乎没有什么重要性，这是与存在于两者间的情感关系相比较而言的。

心理咨询的过程是人们内在心灵的转化过程，唯有通过这种转化，才能真正以某种成熟与灵性的方式来改变我们自己与社会。最大而又几乎不可逾越的困难在于用什么样的方式与途径引导人们去获得那不可缺少的心理体验，能够正视与面对潜在的真理。“故常无欲，以观其妙。”（第一章），保持“无”的状态，不必强使事情发生，就理解得深。“圣人处无为之事，行不言之教，万物作焉而不辞”（第二章），即不带主观判断，以一种开放、欢迎的姿态出现，留心接纳事物本身。这种接受、包容和信任事物本身的态度，便能创造某些东西，这个过程的交流被充分鼓励和不强制改变，这就是“无为”的表述。在“无为”的治疗中，被治疗者跟随并引导来访者的内心自由地展开。“开悟心”得到促发，有能力发掘内在体验的智慧，对生活的领悟增加了。

通过“虚无”,治疗过程在发展,正如“三十辐,共一毂,当其无,有车之用;埏埴以为器,当其无,有器之用”(第十一章)所指出的,因为有了毂这个中间的空洞和器皿中间的空虚,才有了车和器皿的作用。“虚无”有大用。对于来访者产生的任何体验和防御反应,治疗者不添加任何东西,只提供支持,并把来访者的言语、姿态非常微妙地接替过来,这样不仅不会激起对峙,还提供了确切的安全感。来访者得以彻底放松自己,此时改变就已经发生了。“道常无为而无不为。侯王若能守之,万物将自化。”(第三十七章)无为中包含着顺应自然即“道”之规律而行事的方式。重视“无”就能重视事物玄妙的地方,就能重视直觉的体验,就会沉浸于它,就会在当下开放地与他(她)自身流动的情感和态度成为一体。以心灵一体化意识的流动沟通千差万别的事物,就能在潜意识中认识到它。当治疗者的行动与来访者的潜意识建立了合作关系,治疗过程就会沿着成长和健康的方向展开。

这种相契的治疗过程就是自化的表现。这样,无为中事物自然运化,问题随之消失,正是“善行无辙迹,善言无瑕谪”(第二十七章)。善于行走的,不留印迹;善于言谈的,没有语病。

心理咨询本身是咨询师和当事人的人际互动,与其他的人际互动一样,目光接触、面部表情、碰触、人际距离、手势、姿势、语调、穿着以及咨询室的装饰等非言语行为在心理咨询中也起着重要作用。

咨询师以温情、开放的非言语行为结合言语行为更好地表达无条件积极关注;通过人际距离、表情以及目光接触来发起会谈;通过运用手势、目光接触、音调来维持会谈;通过转移视线等来结束会谈。在咨询中,咨询师不仅能通过目光接触表达其对当事人谈话的兴趣,更能通过当事人的目光了解当事人对谈话主题的感受;通过面部表情、语调等表达自身的情感;通过非言语行为来表达友好、紧张或者放松的咨询关系,并且通过目光接触培养信任,促进发展亲密的咨询关系。

无论掌握多少咨询技术与手段,都抵不上咨询师丰富的人生阅历、不断完善整合的自我及一颗真诚助人的心来得有效。还是那句话:咨询师能走多远,来访者就可以走多远!

咨询过程中的"多言"与"沉默"

"孔德之容,惟道是从。道之为物,惟恍惟惚。惚兮恍兮,其中有象;恍兮惚兮,其中有物;窈兮冥兮,其中有精;其精甚真,其中有信。"(第二十一章)高尚的品德,其内涵表现于遵循"道"。"道"这个东西,是恍恍惚惚没形没影的。它是那样的扑朔迷离,但其中确实又有其内涵;它是那样的幽深而博大,但其中确实又有其特性。它的特性难以认知,但它又确实真实地存在着,并且总是能让人得以应验。

在咨询实践中,来访者经常会表现出多言(赘言)或沉默两个极端现象,让咨询变得像老子所说的那样——恍恍惚惚、扑朔迷离,无法把握咨询重点。

咨询师对待来访者的这种表现,需要把握来访者表现的本质,找到其"精",才能采取合理的咨询方式。正如老子所言:"窈兮冥兮,其中有精;其精甚真,其中有信。"

另外,从咨询师的角度来说,在心理咨询过程中利用来访者的沉默或赘言,合理把握咨询节奏,不仅能够保证心理咨询的顺利进行和咨询任务的有效完成,更有利于咨询师的成长和经验积累。

一方面,咨询师可以接受来访者的沉默或赘言,但不放任他们沉默不语或滔滔不绝。咨询师要根据实际情况,做出分析和判断,进而做出相应处理。

另一方面,咨询师要尽力调动来访者自身的力量,积极主动地化解他们在咨询过程中出现的沉默或赘言现象,合理把握咨询节奏,确保咨询取得进展。

多　言

某次咨询中,咨询师要求陈晶晶(化名)谈谈对父母的看法时,陈晶晶说:"老师,我小时候跟我爷爷奶奶一起生活。我爷爷是中学老师,教数学的,特别严厉。我奶奶做的土豆牛肉最好吃……"

咨询师:"看得出来,你和爷爷奶奶的感情很好,那么和爸爸妈妈相处中有什么特别有意思的事情吗?"

陈晶晶想了想说:"说到有意思的事情,老师,昨晚我们宿舍发生了一件特别搞笑的事情……"

这是女生陈晶晶在第三次咨询中与咨询师的一段谈话。陈晶晶看似很健谈,在与咨询师的交流中不停地表露自己,但实际上这种滔滔不绝正是她对咨询师所提的问题进行抗拒的表现。

陈晶晶因为在人际交往中过分依赖同学致使人际关系紧张而走进咨询室。经过一段时间的了解后,咨询师发现陈晶晶这种情感上的过度依赖并不是某位同学有特别的吸引力,而是她在原生家庭中爱的缺失和不安全感导致的。

因此,在谈到对父母的看法时,陈晶晶虽然一直在积极地回答咨询师的问题,但却顾左右而言他,回避咨询师的问题。

在心理咨询中,来访者赘言的现象并不少见。它可能在某种程度上缓解了来访者在谈论某个不愿意谈论话题时的焦虑和紧张,甚至通过谈论他们感兴趣的话题来强化在咨询过程中的自尊和地位,但同时也隐藏着来访者的某种潜在动机。如减少咨询者的说话机会、回避某些核心问题、转移注意力、控制话题等。

这种赘言可能是无意识的,但它却严重影响了心理咨询的节奏。

尤其是在咨询师竭力启发来访者唤醒某种痛苦回忆或提到某个与来访者心理问题相关的实质问题时,来访者会通过多种形式表现出消极应对或抵抗。

这时就需要咨询师及时发现来访者的这种阻抗现象。一旦确认来访者的喋喋不休是源于阻抗,就应该把这种信息反馈给来访者。

当然,在反馈时咨询师应该从真诚帮助的角度出发,以诚恳的、共同探讨的态度,通过言语或非言语的形式引导来访者直面问题,进而与其讨论、解释赘言的原因，从而缓解来访者的内心焦虑和紧张，使其能够以积极的态度面对咨询师所提的问题。

另外，在这个过程中，咨询师面对来访者的赘言、转移话题等现象，一定要保证自身的认识、情绪和态度不失控，绝对不能把来访者的滔滔不绝或转移话题当成其故生是非，以免陷入与来访者进行无谓的争执和对抗中。

沉　默

与来访者的喋喋不休相反的是咨询室中的沉默。在心理咨询中，沉默是经常发生，甚至是必然出现的现象。能否正确对待和处理咨询过程中的沉默是判断一个心理咨询师是否成熟的重要标志之一。

沉默背后的原因、沉默的表现形式多种多样，如何恰当处理这些沉默，是咨询能否顺利进行的关键。

通常来说，沉默有怀疑型、茫然型、情绪型、思考型、内向型、反抗型等。沉默行为的出现，将使咨询暂时无法进行，会导致紧张、压抑、尴尬。对此，咨询师应针对不同情况采取有效措施。

“多言数穷，不如守中。”(第五章)咨询师越多言反而越会行有所阻，不如遵循自然规律，守中而为。咨询效果的好坏不是以咨询师话语的多少来决定的，关键是要符合咨询之“道”。“大音希声，大象无形。”(第四十一章)最宏大的形象反倒无形，最高级的音乐只有微细的声音。

沉默说明来访者在整理自己的内心世界，是他们在将无意识世界表现出来之前所作的选择、思辨。咨询师不应急于打破沉默，而应洞察和确认沉默的原因，通过真诚的态度、艺术的诱导、耐心的等待来对待沉默。

在咨询师王雪峰对来访者李伟(化名)的一次咨询中，50 分钟的时间几乎一直保持着沉默。

当王雪峰跟他的同事说起这次咨询时，同事非常不能理解：“就这样沉默着坐了 1 个小时？这跟小孩玩的盯着看的游戏有什么区别？”

然而，在王雪峰看来，这次咨询是有意义的。通过这次咨询，李伟知道了一个重要的咨询规则：“如果我不想讲，没有人强迫我讲。在咨询中我是拥有主动权的。不用争夺,不用打倒咨询师,我就可以拥有这个权利。”这是建立李伟安全感的重要步骤。

因此,王雪峰在整个过程中只对李伟的抽烟行为进行过干涉,其他时间保持沉默,等待李伟主动。

李伟曾经像一头被猎人追捕的豹子,惊慌地来咬追捕的人;而现在,他像一条小溪,可以自由决定自己的流向,咨询师只在岸上跟随着他。这让他有安心感。

沉默的1个小时,并不是浪费时间,它有深刻的含义。有些咨询师在结束前5分钟会和来访者探讨“沉默”,如沉默时的想法、对沉默的感受等。

心理医生的沉默,反而在咨询室中营造了一个空间,可以让来访者更好地觉知自己,而这是最重要的。正如印度哲人克里希那穆提所说:唯一重要的是点亮你自己心中的光。

我们再看下面的一个案例:

一位漂亮姑娘走进了咨询室,从登记表上咨询师知道她叫佳萌(化名)。

从她进门到坐下,咨询师一直在观察:她容貌姣好,个子高挑,敲门动作很轻柔,说话声音不大,落座时双手扶膝、双脚并拢坐在了沙发的三分之一处,始终保持低头的状态。

咨询师问她:“有什么我能帮助你的吗?”佳萌揉了一下裤管,没有抬头,也没有说话。

咨询师想了想继续问:“最近发生什么让你为难的事情了吗?”佳萌抬头看了咨询师一眼,还是沉默不语。

咨询师意识到佳萌的顾虑,于是坚定地告诉她:“我非常愿意帮助你,倾听你的故事。同时,我也会遵守我的职业道德,我会为你保密。”

两分钟后,佳萌吞吞吐吐地说:“老师,我在学校待不下去了,我想退学,但是我怕家长不同意,你帮帮我吧!”

经过咨询师的引导,佳萌讲述了她在一次校级演讲比赛中因为忘词而中途中断比赛的经历。她表示在这次经历中很受伤,因为她在台上手足无措时看到台下的同学在笑她，自此，在校园里，她总是感到有同学在她背后指指点点。

一次看起来很简单的经历竟然在佳萌的生活中掀起如此大的轩然大波，咨询师知道这背后的原因恐怕不仅仅是演讲失败而已。

为进一步打开佳萌的心结，咨询师布置了一个现场任务：“请你想一想自己有哪些优点，然后告诉我好吗？”佳萌迷茫地望着咨询师，眉头紧锁，再次陷入沉默。

在这个案例中，来访者佳萌出现多次沉默。如果处理不当，有可能就会使咨询陷入困境。

案例中佳萌的前两次沉默可能就是对咨询师的怀疑而引起的。她具有积极的求助愿望，想摆脱目前生活的困境，但是来到咨询室后面对心理咨询师的询问却陷入沉默。

这可能是因为佳萌在考虑咨询师是否值得相信，能否真正帮助自己，所以在咨询师明确表达愿意帮助她并会为之保密的态度后，佳萌才渐渐打开心扉。

然而，在咨询师让佳萌表述自身优点时，佳萌伴随着“迷茫”“眉头紧锁”等动作的思考型沉默是十分具有建设意义的，这是表明佳萌自我评价过低的重要信号，咨询师据此也就找到了她的症结所在。

咨询过程中的“依赖”与“阻抗”

依赖与阻抗是心理咨询过程中来访者对咨询师的截然相反的两种对待方式，也是在咨询实践中很常见的现象。

如何处理依赖

在心理咨询实践中，经常遇到的一个问题就是，做长程个案时来访者容易对咨询和咨询师产生依赖性。具体表现为：来访者在咨询中不用自己的脑子思考,而是依赖于咨询师告诉他怎么做;不愿意承担自己行为的责任,希望通过依赖把责任推给咨询师;已经治愈后不愿意进入咨询结束阶段,想要无休止地咨询下去;等等。

在从业早期,我曾经有过一个咨询个案,是一位女士的丈夫出轨问题。当时我还没有太多经验,只是被她的不幸所感动,对她特别的好,不断地给她出主意,对她状况的担忧也很多。结果她对我产生了依赖,能自己解决的事也要让我解决,家庭关系问题也不见好转。

在这个个案中,来访者对我产生依赖,一方面是她本人不想承担解决自己问题的责任,另一方面是因为我充当了包办代替的角色,代替她想解决问题的方法。而我越是替她着急,替她想办法,她就越不着急,越不自己想办法,结果咨询中成长的责任落在我这边,而她则在我的帮助下不肯面对现实。

对于这个个案,我在被督导以后改变了咨询策略。我在她再问我怎么办的时候,反问她:“你自己想一想,你遇到的这种情况怎么处理?”通过不再代替来访者承担成长的责任,这个来访者开始自己承担责任,在家庭关系中认识到自己的角色和责任,丈夫也逐渐理解和接纳妻子,最后主动结束了和第三者的关系。

看来,单纯为来访者解决实际问题治不好来访者,还会形成依赖!对于依赖性强的来访者,需要适度地给予一点挫折,让他们自己有动力成长。

一个人前来寻求心理咨询,他(她)的内心可能或多或少有依赖的意识或愿望,但这时咨询师需要去处理当事人身上的这种依赖倾向,全力促成他(她)坚持成长。我们必须明确:心理咨询不是培养来访者的依赖,而是支持他(她)变得更加独立。心理咨询的目标,就是要用专业的服务把来访者变成不再需要心理咨询的人。

“圣人行不言之教”(第二章),咨询师要用不言之教发挥来访者自身解决问题的潜能,而不是包办代行,这也是消除来访者依赖的有效方法。

高水平的咨询师在来访者内心的形象应该达到老子所言的“不可得而

亲，不可得而疏，不可得而利，不可得而害，不可得而贵，不可得而贱”（第五十六章）的状态。既不可能亲近他（她），也不可能疏远他（她）；既不可能使他（她）得利，也不可能使他（她）受损；既不可能使他（她）尊贵，也不可能使他（她）卑贱。达到这种境界的咨询师，来访者的依赖则难以形成。要达到这种境界，可以从以下几个方面入手：

首先，咨询师要具有成长的意识，在咨询过程中不断鼓励和协助对方成长，小心处理任何一种可能造成依赖的情况。

其次，咨询师要对来访者有信心，帮助他（她）发现和使用生活中的资源，从内心培养一种“我能行”的感觉。

最后，咨询师要鼓励来访者主动做出尝试，在现实中发展出解决问题的能力，增强其自主的意识。

虽然咨询师在咨询中要避免来访者过分依赖咨询师，但是不要走极端，不要变成拒绝和抛弃来访者。如果来访者有依赖的倾向，要与他（她）分析讨论，从各方面来看待这种情况，而不要指责来访者。比如，不要说：“你不能依赖，而要独立，所以你以后不要再找我咨询了。”不能这样处理是因为来访者的依赖性需要在咨询框架以内被讨论和处理，而不能生搬硬套地硬性拒绝。即使在有的情况下需要结束咨询，也需要给来访者一定的缓冲的时间来逐渐适应。

如何处理阻抗

阻抗是来访者对于心理咨询过程中自我暴露与自我变化的抵抗，即有意识或无意识地回避某些敏感话题，有意无意地使咨询重心偏移。弗洛伊德认为，来访者抗拒的原因是一种潜意识的防御作用，以逃避来面对自己所无法忍受的焦虑。

阻抗有如下的表现形式：

从谈话程度上分：沉默、寡言、赘言；

从谈话内容上分：理论交谈、情绪发泄、谈论小事和假提问；

从谈话方式上分：心理外归因、健忘、顺从、控制话题、最终暴露；

行为表现在推迟谈话时间、迟到、早退；取悦心理咨询者，形成一种治疗成功假象;过多地纠缠过去的事情;等等。

阻抗会使咨询者进一步治疗的工作变得困难,甚至有使工作完全停顿下来的危险。

处理抗拒的方法是咨询师指出来访者的抗拒心理,帮助来访者了解抗拒的原因:一是“罪恶感”;二是患者的自我保护本能是“反向的”,即似乎是在追求自我伤害和自我破坏。让来访者正视抗拒的行为,并借此探讨潜意识的作用。

埃瑞克森曾谈及心理咨询的艺术就是帮助来访者优雅地消除症状。毋庸置疑,前来咨询的来访者肯定具有改变的欲望,但当咨询带来的改变影响到来访者自尊的时候,来访者自然就会出现阻抗,产生保护自己的倾向和行为。

“为者败之,执者失之。是以圣人无为故无败,无执故无失。”(第六十四章)如果不按照规律勉强地去做事,必然就会失败;如果穷奢极欲地占有,必然会有损失。因此,圣人不强力妄为,故而不会失败;不随意占有,也就无所损失。如果咨询师过多干预心理咨询的进程,刻意控制或强迫某些事情的发生,将有可能使来访者的防御心逐渐增强,阻抗程度不断加大,最终封闭包裹自己而难以作为。

老子说“治大国,若烹小鲜”(第六十章),治理国家就像煎小鱼那样,只需油盐酱醋恰到好处,但不能随便翻搅它,否则它就烂了。真正的咨询大师在遇到阻抗时只进行最低限度的干预,放弃个人计划及进度,随时准备做出调整和改变,以适应来访者的主观框架。

“孰能浊以静之徐清?孰能安以动之徐生?”(第十五章)谁能够使自己像容纳浊流的河水那样呢?世人总是要让浊水平静下来使之慢慢变得清澈;谁又能够永远处于安定清净的状态呢?世人又总是要搅乱清净,使得各种急功近利的欲望得以产生。奉行道的人,办事总会避免过度。咨询师以来访者为中心,以非“有为”的方式守护着来访者,理解着他们的困扰,共情着他们的苦痛,跟随着来访者的节奏和步调,重视他们当下直觉的体验,耐心地等待来访者内在知晓时刻的到来。

咨询师用抱持性的态度温润着来访者,为来访者提供着鼓励和信任,来访者感到自我被接纳，在充满安全感的氛围中慢慢敞开自己，接触到因自我防御而被否定的情感和体验。故“善行无辙迹，善言无瑕谪，善计不用筹策，善闭无关楗而不可开，善结无绳约而不可解。是以圣人常善救人，故无弃人；常善救物，故无弃物。是谓袭明。”(第二十七章)善于行走的，不留印迹；善于言谈的，没有语病；善于计算的，不用筹策；善于锁门的，不用关楗也能使门牢不可开；善于捆缚的，不用绳索也能使其坚不可解。因此，圣人总是善于教诲救人，所以没有被弃绝的人；总是善于关爱运用万物，所以没有被废弃的东西，这些做法才称得上是明智。真正的大师对咨询过程的干预少之又少，他们怀有“润物细无声”的品格，只是简单地和来访者同在，为来访者提供一个包容的环境，反而能使来访者的防御和保护降到最低，使整个咨询过程不着痕迹而又化困扰于无形。

“我无为，而民自化；我好静，而民自正；我无事，而民自富；我无欲，而民自朴。”(第五十七章)只要我无为，人民就会自然归顺；只要我清净，人民就会自然安宁；只要我不朝令夕改，人民就会自然富足；只要我无欲，人民就会自然、淳朴、无争。人本主义思想认为：人有理解自己，不断趋向成熟，并产生建设性变化的潜能。咨询师无为、无事、无欲，不去主宰咨询的过程和主题，“不妄为、不强为”，只是信赖并启发来访者的智慧与潜能，就能促使来访者向健康自由的方向发展。“以辅万物之自然，而不敢为”(第六十四章)，在良好的咨访关系中，咨询师依照无为原则，不人为干预生命的自我发展进程，却得以四两拨千斤，撕开来访者妄见之网罗，打破来访者固执之桎梏，引导来访者进入自我洞见和知晓。咨询师就这样缓缓前行，通过“无为”消除了来访者的阻抗，通过“无为”成就来访者，貌似置身事外却又“无不为”。

咨询师应对阻抗的要点在于：

(1) 解除戒备心理。咨询师不必将其看得过于严重，要做到共情、关注与理解，尽可能创造良好的咨询气氛，解除对方的顾虑，使其能开诚布公地谈自己的问题。

(2) 正确地进行诊断与分析。求助者的某些人格特征，咨询师在会谈中也应有所认识，用真诚的态度及专业知识与技能取得对方的信任。

(3) 以诚恳帮助对方的态度对待阻力。咨询师一旦确认存在阻力，可以把这种信息反馈给求助者。要注意以帮助对方的角度出发,以诚恳地探讨问题的态度向对方提出。

咨询过程中的“共情”“移情”与“反移情”

“共情”“移情”与“反移情”也是咨询室中常见的现象。咨询师对来访者的情感反应是共情,来访者对咨询师的情感反应是移情,咨询师阻止或防止来访者移情即为反移情。

共　情

共情也称共感,英文解释得特别形象:“Put one's feet in other's shoes.”“把自己的脚放在别人的鞋子里。”

咨询师对待共情的态度,可以作这样的比喻:有些咨询师没有放脚的意识,所以永远不会这样做;有的咨询师担心放进去后会发生什么事儿,怕别人的鞋有臭味,怕别人的鞋不合适,怕别人的鞋挤脚;还有的咨询师很容易就放进去了,但不知接下来该怎么办,不知所措;还有些咨询师是把自己的鞋子脱了让对方穿,不管别人是否合脚、是否愿意,这是典型的“说教”或价值观强加。

按照罗杰斯的理论,要求咨询者或治疗者应具备一种能力,这种能力使他能进入和生活于来访者的情感与态度中。“感受来访者的私人世界,就好像那是你自己的世界一样,但又绝未失去‘好像’这一品质,这就是共情。它对治疗是至关重要的。感受来访者的愤怒、害怕或烦乱,就像那是你的愤怒、害怕和烦乱一样,然而并无你自己的愤怒、害怕或烦乱卷入其中。”

当这种共情发挥到最佳地步时,罗杰斯认为,治疗者“不仅能澄清来访者所能意识到的东西,还能澄清那些刚好处于其意识水平之下的东西”。这种共情是使来访者获得成长的“最有作用的力量”。

确实,来访者前来咨询或治疗,必然有其内心世界不甚清楚明了的内容。这种暧昧不明的内容有时就是以愤怒、害怕或烦乱等形式或体验而表现的。它妨碍了来访者充分了解他(她)的自我，妨碍了他(她)的成长。若咨询师在此时能生活于来访者的内心世界，同时又保持自己冷静的头脑，两人一起探讨来访者(在此，罗杰斯的含义也包括咨询师本人)的内心世界，当然就有利于来访者的改变和成长，有利于取得治疗效果。在这个方面，老子的“圣人常无心，以百姓心为心”(第四十九章)又一次得到微妙而鲜明的体现。咨询者或治疗者也应无“常心”，每一次和一个独特的来访者作心灵的沟通时，他是以来访者之心为心的。

共情与真诚、积极关注有密切的关系。从态度上来说，三者的基础首先是真诚。只有当咨询者的关怀和积极关注是发自内心的，他的共情才能够被当事人如实地感知为积极关注和理解，而不会被感知为虚伪。因此，罗杰斯在谈到这些核心咨询条件时，总是首先强调咨询者的真诚一致。真诚首先支持的是积极关注或尊重，而尊重或积极关注又是共情的基础。咨询者要做到准确的共情，需要他真正对来访者“感兴趣”，对来访者这个“人”做到关切，把他作为一个活生生的、对于自己有着个人意义的人，而不是一个无关紧要的服务对象，这样才有可能真正进入当事人的世界，跟当事人同一化。

反过来看，真诚和积极关注又依赖着共情。当我们处在共情状态中的时候，我们进入了一种“半忘我”的境界，这时候那些我们习惯了的防御会暂时离开，我们就比较容易做到真诚。当咨询师进入来访者的世界，对来访者了解得真切的时候，咨询师就会油然地对这个人产生同感、温情、尊重的感觉，而不是矫揉造作，更不会以日常习惯了的评价性态度跟来访者相处，一边交谈一边在心里说着“烦人”“真没用”“怎么这么笨”等。

那么，咨询师要怎样才能做到共情呢?

第一，转换角度，真正“设身处地”地使自己“变成”当事人，用他(她)的眼睛和头脑知觉、思维和体验。当然，完全使咨询师变成来访者，事实上是不可能的。这样要求的实质是要咨询师尽可能排除自己经验(如知识、价值观、人格特点、兴趣爱好等)的干扰，用一颗“空”心，以关切、体察的态度去接触对方的内心世界。这是共情最基本的内容，事实上，它最重要，但也最难做好。这就是老子所讲的“当其无，有器之用。……故有之以为利，无之以为用”(第十一章)。正是因为有了器皿中间的空间,才有了器皿的价值。所以说“有”给人带来了便利,而器物的价值却是产生于“无”。

第二,咨询师投入地倾听当事人,不仅要注意他(她)的言语内容,而且要注意非言语线索所传递的情感信息。如果必要,小心运用倾听技巧与之沟通。如果把前一点看成共情的态度准备,这一点就是共情发生过程。

第三,咨询师回到自己的世界里来,把从当事人那里知觉到的事情做一番清理,理解它们。具体来说,咨询师先把事实内容与情感内容分开;把事实内容之间的逻辑关系找出来(即有什么事实,各个事实之间有什么联系,哪是因,哪是果);再识别情感内容,分辨出都是哪些情感;如果可能的话,就找出情感反应与事实之间的联系。如果这一切做完了,咨询师还要记住,这些结果是自己的认识系统加工处理得出的,他们很可能是不准确的、不符合当事人的实际。

第四,咨询师以言语或非言语行动作出反应,向来访者说出自己的理解。视情景、时机,决定运用低水平的反应还是高水平的反应。

第五,留意来访者的反馈信息,必要时应直接询问对方是否感到自己被理解了。这是减少错误或纠正错误的重要途径。

事实上,共情反应不可能像上面说的那样按部就班。咨询师可能要不断地进入来访者的内心世界,回到自己的世界,再进入,再出来;咨询师的反应也不应当是一次性的,自始至终都在以表情、动作、言语向来访者说话;在体验、理解、反应等环节都可能经历试误过程。因此,灵活性始终是必要的。

以下是一个共情的案例分析。由于文字表述无法表达非言语线索及其联系的情绪感受,所以需要读者去体会说话人当时的情绪。

来访者:我妻子死了,我的人生也完了。孤零零一个人,我真不知怎么活下去。

咨询师 A:千万别这样想,看开些,一切都会好的。

分析:咨询师的反应可能是日常生活中一般朋友之间的典型反应。咨询师在很大程度上忽略了来访者的感受,对未来光明的空洞保证只会令来访者感到对方离自己很远。

咨询师B：的确，这对你是一个沉重打击。

分析：比上一个反应同感水平稍高，“沉重打击”虽然比较模糊，但所指向的情感方向是正确的。

咨询师C：你妻子的去世就像你生活中的一根支柱倒塌了，在这个打击面前你感到承受不了，孤立无助。

分析：相当准确地体验到来访者的感受，并反馈了自己的感觉。在许多情况下，这种共情程度已足够了，可以引发当事人进一步探索这一方面的感受。

移情

1. 移情的概念

移情是指来访者在咨询过程中，把心理咨询者当成他过去生命中的一个重要人物(如父母或其他重要人物)，并以对待此重要人物的情感来对待心理咨询者。移情是两极化的，它既包含了对心理咨询者积极的、温情的态度——正移情，又包含了对心理咨询者消极的、敌对的态度——负移情。

在咨询过程中，移情是一个关键，因为透过移情作用，咨询师可以具体地观察、了解来访者的人际关系，掌握更多的真实资料并解析来访者问题行为的冲突所在。

2. 移情的形成机制

形成移情的基础，是幼儿期在与双亲或其他人际关系中的关键人物之间存在的未能处理妥当的问题。发生移情时，来访者过去未曾解决的问题会使他们对咨询师的知觉和反应方式产生变形。这些未解决的问题根源于来访者过去的人际关系，而现在又直接指向了咨询师。

移情在不同背景的咨询师身上都可能发生。当来访者的情感达到一定的强度时，他们会失去理性的客观判断力，移情至咨询师，就好像咨询师是他们生活中的重要人物一样。

无论咨询师的性别怎样，移情都有可能发生。因为咨询师的出现，不管是正移情或负移情，使得来访者过去未被满足的要求重新浮现。

移情可以帮助咨询师发现来访者在早些时候受到某种特殊的对待时,他们是如何感受的。移情通常发生在当咨询师(无意中)做了或说了些什么,从而触动了来访者心中未得到解决的问题,这些问题多出在来访者与其家庭成员,如父母、兄弟或其他重要人物之间。

移情问题常发生于咨询的开始阶段,并且随着咨询的进行变得越来越强烈。

有些学者把移情看作是实现一定的咨询价值的东西。他们认为只有帮助来访者解决由于移情而产生的对咨询师的曲解,双方的关系才会获得极大的改善,这种改善会使来访者和咨询师建立更紧密的信任关系。更进一步说,通过解决移情问题,来访者会对自己的过去有更加深刻的认识和领悟。

对于移情这一心理反应,尽管有正面的积极评价,但就其客观效果来讲,不论是哪一种移情,由于它很容易促使其对人或物形成固定的心理定势,从而造成判断失误并可能产生成见或偏袒。同时,由于这一感情的产生强化了来访者对心理咨询的自我防御机制,也就阻碍了来访者与咨询师之间真诚的、自然的沟通,从而扰乱了心理咨询过程中本该建立起来的理性的人际关系。

3. 移情的表现

来访者所表现出来的移情频度较多的是:依存性(依恋),恋爱情感,两面情感。

(1) 依存性(依恋)。人都有依恋、依赖的感情,这种感情不分年龄、学历、教养程度或人种而存在。有的时候,这种感情可以作为双亲的代偿(依存的对象)而转移到咨询师的身上。不是说所有的依存都是不好的,如希望依存于父母(不想被遗弃),所以就好好听话,并长大成人。同样,依存于咨询师,就能听进咨询师的话。如果没有依存感,可能也就不会前来咨询。因此,从某种程度上讲,依存在来访者的成长过程中是不可缺少的体验。

(2) 恋爱情感。移情表现比较多的另一种现象是恋爱情感问题。“老师,我喜欢你,你也爱我吗?”“我想和你保持私人交往”等就是一种接近恋爱情感的例子。如果咨访双方是同性的话,会产生一种类似于朋友关系、亲子关系或同胞关系的情感。

如前所述，对于这样一些情感并不是说必须给予解释，也不是必须让来访者从中解脱出来。充分利用这样的阳性转移，有时则可以深入到问题的本质。所以说，这种爱的情感也存在着程度的问题：如果这种情感可以促进来访者的心理成长，就没有什么特别的问题；如果这种转移的程度过强、转移量过多，就可能成问题了。

(3) 两面感情。移情表现频度较多的第三种现象是两面感情，如爱与憎、想接近又想回避、相信又不相信这样的相反感情的同时转移。

如果咨询师能比较妥当地处理好来访者的移情(即不产生对抗移情，并让来访者意识到移情)，来访者就可以从不安和罪恶感中解放出来，并更加信赖咨询师，从而通过移情经历一种新的人际关系的学习和识别。

4. 移情的分类

(1) 负移情。求助者把咨询师视为过去经历中某个给他带来挫折、不快、痛苦或压抑的对象，在咨询情境中，原有的情绪转移到了咨询师身上，从而在行动上表现出不满、拒绝、敌对、被动、抵抗、不配合。

(2) 正移情。求助者把咨询师当作以往生活中某个重要人物，他们逐渐对咨询师发生了浓厚的兴趣和强烈的感情，表现得十分友好、敬仰、爱慕甚至对异性咨询师表现出性爱的成分，对咨询师十分依恋、顺从。虽然病情有所好转，但来诊的次数却越来越频繁，特别是生活中的大小事都要咨询师给他(她)出主意，表现出无限信任，甚至关心咨询师的衣食住行和家庭生活。

5. 移情的识别与处理

(1) 识别移情。移情，是指求助者把对父母或对过去生活中某个重要人物的情感、态度和属性转移到了咨询师身上，并相应地对咨询师做出反应的过程。发生移情时，咨询师成了求助者某种情绪体验的替代对象。

移情有直接和间接两种形式，前者是直截了当地向咨询师表达自己的体验：“我与你聊天感到特别愉快和难忘，你使我想起了我的……”。后者则间接地表达自己的感受：“我觉得你的态度真好，我感到很放松。”

当然，咨询师要学会区别是否真是移情。求助者表达自己的情感并非都是移情，只有当求助者把自己以前的情感反应转移到咨询师身上，把后者作为过去情感对象的替代，对咨询师抱有超出咨询关系的幻想和情感时，才是移情的表现。

咨询师要学会区别移情与依赖。移情(这里主要指正移情)与依赖有相似之处,移情中多有依赖,但两者又有明显的区别。依赖主要是一种信任,而移情更是一种好感;依赖是寻求现实的帮助,而移情是弥补过去的感情;依赖者多在遇到困难时来寻求帮助,而移情者则时常想见到咨询师;依赖者寻求心理依靠,而移情者寻求感情依靠;依赖者的对象是现实的目标,而移情者是寻找替代物。相比之下,依赖者对咨询师的感情色彩淡,而移情者浓。咨询师要学会辨别两者,以便区别对待。

(2) 处理移情。移情在精神分析理论中十分重要,认为移情再现了来访者以前尤其是儿童时期生活的某种情感,这种情感长期被压抑着而无处释放,甚至成为了心理问题的一个"情结"。来访者把咨询师当作以往生活环境中与他有重要关系的人,把曾经给予这些人的感情(不管是积极的还是消极的)置换给了咨询师,借咨询师宣泄了积压的心理能量,从而有助于心理平衡。

出现移情是心理咨询过程中的正常现象,透过移情,我们可以更好地认识对方,并运用移情来宣泄对方的情绪,引导对方领悟。比如,可以分析求助者为什么会对自己或自己的言行反感,或者有特殊的好感:"你好像不太喜欢我刚才的……""你能否告诉我,为什么你喜欢我?"

来访者也许会说,之所以不喜欢是因为咨询师说话的语气像他那整天爱唠叨的母亲,或者咨询师问话的方式像那位刚刚与自己离婚的丈夫,咄咄逼人,让人喘不过气来,或者咨询师像自己日夜思念的但已离世的爱人、恋人、亲人,像自己敬爱的领导和老师,像自己暗恋的对象,等等。求助者有时自己也不知道为什么,但经深入询问,一般都能明白其中的原因。

如果求助者对异性咨询师产生正移情,咨询师不必害怕,应当婉转地向对方说明这是心理咨询过程中可能出现的现象,但这不是现实中正常的、健康的爱。咨询师要有策略地(不要伤害求助者的自尊心)、果断地(让求助者知道咨询师明确、坚决的态度)、及早地(要早期发现,早期采取明确态度)进行处理,将其引向正常的咨询关系上来。如果任其发展,不但会干扰正常治疗的进行,还会带来麻烦。至于别有用心地利用来访者的不健康心态下的感情以图达到某种目的，是一种严重违反心理咨询职业道德的行为。

如果咨询师觉得自己难以处理移情现象，可以转介给别的咨询师。

移情是治疗过程中的过渡症状，咨询师应鼓励求助者继续宣泄自己压抑的情绪，充分表达自己的思想感情和内心活动。求助者在充分宣泄情绪后，会感到放松，再经咨询师的分析，得以领悟后，心理症状会逐渐化解。

反 移 情

1. 反移情的概念

在心理咨询过程中，还有另一种与移情相似的情况出现，即反移情。反移情是指咨询师把对生活中某个重要人物的情感、态度和属性转移到了来访者身上。其发生机制同移情是一样的，因为咨询师同样也是人，也有七情六欲，也有潜意识的活动。咨询师并不能排除或控制自己的反移情，重要的是咨询师要能够及时觉察出自己的反移情，并利用这种反移情去了解和认识来访者的移情。

反移情通常来源于咨询师意识之外的无意识冲突、态度和动机，它是咨询师对来访者产生无意识期待和某些神经质需求的外在表现形式。狭义的反移情被界定为“治疗者对来访者的移情”，这是弗洛伊德的定义。广义的反移情可以理解为由于咨询师的需要而非治疗关系或来访者的需要而产生的咨询师任何形式的无意识情绪或行为反应。

反移情常常是由咨询师内心的伤痛、情结等引起，所以咨询师需要先处理自己的问题，才能够真正帮助来访者解决问题。处在反移情状态中的咨询师，听到的不是对方的故事，而是会选择性地倾听，听到的是自己的故事，所以咨询师一直会说：“我完全理解你的感受。”“我也有相同的经历。”“我很早就离家。”“我跟母亲之间也无法沟通。”来访者的故事已幻化成了咨询师自己的故事。

精神分析理论特别重视咨询师或治疗者自身压抑情感的处理和训练。咨询师要处理好自己的感情，既要注意来访者在自己面前所表露出来的各种态度和行为，也要特别注意不要将自己的生活经历和情感经验带进心理咨询中，更不能以此试图影响来访者的思想和行为。

2. 反移情的形式

美国著名心理学家辛格儿认为,反移情有三种表现形式:咨询师对来访者的过分热情和关切;咨询师对来访者过分敌视和厌恶;咨询师对来访者一般的紧张情绪。在本质上,这些表现形式均表现了咨询师对来访者思想、行为的一定的自我防御。

咨询师异常的行为反应包括:(1)违反惯例,如谈话比平时多或少,提前或推迟停止来访者的咨询(即违反了咨询契约)等;(2)发现注意力很难集中于来访者身上,而是会专注于其他事物,感到欲睡或者厌倦;(3)不关心来访者;(4)与来访者就某一问题进行争论;(5)害怕来访者的再次来询;(6)变得过分专注来访者,如与他人反复地谈论这一来访者、渴望或不安地期待来访者下次来咨询等。

3. 反移情的影响

反移情对咨询产生积极或消极影响主要取决于咨询师能否对自己的反移情保持妥当的处理。适当的、正常的情绪反应是精神分析中重要的治疗工具,咨询师投入感情,对来访者保持必要的兴趣,更容易进入来访者被压抑的内心世界。以感情理解来访者,可以使来访者产生共情的感受,从而得到自尊和勇气。

不当的反移情是被禁止的,会给心理咨询带来阻碍,它影响了咨询师对来访者的客观态度,使他(她)做出与其身份和作用不符的心理反应。它还使咨询师丧失了他(她)对来访者应持的中立立场,从而增强了后者对心理咨询的自我防御。

4. 反移情的处理方法

从广义上来讲,对于反移情的处理应该包括对反移情的觉察和对反移情的具体处理。

咨询师要增加对自己的想法和情绪的觉察工作,随时检视自己对来访者的感觉和情绪是否属于反移情现象。这可以通过以下自我提问的方式来检查:

(1) 在与这位来访者进行咨询时,我有什么感觉?

(2) 对这位来访者的感觉是否超出平常对来访者的想法和感觉?

（3）我在咨询中的情感与来访者的行为是否一致？是否源于自己的主观原因？

（4）自己对来访者的想法与情绪是否很不恰当？

对反移情的处理可以采取如下方式：

（1）录音录像。仅仅靠咨询师事后的回忆与整理往往是不够准确的，所以在条件许可的情况下，最好对自己的咨询过程进行录像或录音来记录自己的情绪和行为反应，根据客观的记录对自己的咨询过程进行系统的自我分析、自我反省和总结，找出反移情出现的原因。

（2）寻求督导帮助。经过自我分析之后，咨询师也可以寻求督导帮助。因为当咨询师出现反移情时，不应与来访者进行讨论，更应该克制自己不要在来访者面前表露自己的反移情，而应该寻求老师、资深同事的帮助，让他们对自己的咨询行为进行必要的督导，并学习如何有效地觉察与节制自己的情绪反应。

（3）参加心理咨询。如果经过督导帮助后咨询师觉得还有必要对自身的问题进行探索，可以通过心理咨询来帮助认识已经被来访者唤起的问题或者冲突、偏见。在国外，咨询师还可以参加一个成长团体，在有经验的咨询者指导和具有相同问题的咨询师的启发下达到对反移情的妥善解决，从而促进个人的成长。

（4）转介给其他咨询师。如果咨询师已经尽力处理自己的情感、想法和行为，并且已经咨询了督导与同事，之后冲突与问题仍然存在，并且这种反应已经影响继续咨询，则可以考虑把来访者转介给其他咨询师。

《道德经》角度对移情和反移情的认识与处理

如何对待心理咨询过程中的移情和反移情，《道德经》中的论述会带给我们一定的启示。

“天地不仁，以万物为刍狗；圣人不仁，以百姓为刍狗。”（第五章）天地没有偏爱，视万物如用草扎成的狗；圣人没有偏爱，也视百姓如用草扎成的狗。咨询师对来访者也要秉承着这样的态度，没有偏爱，一视同仁，切不可与来访者做过多的情感互动。

“天地所以能长且久者,以其不自生,故能长生。是以圣人后其身而身先,外其身而身存。非以其无私邪?故能成其私。”(第七章)天地之所以能够长久存在,原因在于它们的存在不是为了自己,所以能够这样持久。因此,圣人遇事总是把自己的利益放在最后,反而能够领先;把自己置之度外,反而能够保全。这不正因为圣人无私吗?所以,无私反而成就了他们的功业。咨询师在对待来访者的移情与反移情时,也要把来访者的利益放在首位,而不要有自己的私心。只有咨询师不追求私利,咨询才能达到理想的效果,咨询师的事业才能走得更远。

“上善若水。水善利万物而不争,处众人之所恶,故几于道。”(第八章)道德高尚的人像水一样。水具有施利于万物而不与万物相争的美质,安然于众人所厌弃的低洼之处,所以说它的行为最接近道的准则。咨询师在对待和处理来访者的移情与反移情时,如果对咨询有帮助,那么宁可处于自己不喜欢甚至厌恶的位置,一切为了来访者考虑,这才符合咨询之“道”。

“宠辱若惊,贵大患若身。何谓宠辱若惊?宠为下,得之若惊,失之若惊,是谓宠辱若惊。何谓贵大患若身?吾所以有大患者,为吾有身。及吾无身,吾有何患?”(第十三章)受宠惊喜而受辱慌恐,这是把灾祸看得像生命一样重要。什么叫作受到宠辱好像受到惊吓呢?因为人们把受宠看得很尊贵,把受辱看得很卑贱,所以得到这些好像受到惊吓,失去这些也大都感到惊恐,这就叫作“宠辱若惊”。为什么会把灾祸看得如同生命一样重要呢?我之所以有灾祸,是因为我有身体,如果我没有身体,我还会有什么灾祸呢?咨询师在处理来访者的移情与反移情时,宠辱若惊的个人操守是十分重要的。咨询师不过多地考虑自身利益,即使面对移情与反移情,又能有什么灾祸呢?

“大道废,有仁义。智慧出,有大伪。六亲不和,有孝慈。国家昏乱,有忠臣。”(第十八章)社会秩序遭到废弃,才有仁义的产生;智慧得到应用,才有邪恶的虚伪;看到家庭不和的危害,才有对孝慈的提倡;国家动乱,才显出谁是忠臣。国家大治、六亲和顺,就显不出忠臣孝子。只有六亲不和、国家昏乱,才需要提倡孝和忠,这也是相互依属的关系。这是说,社会对某种德行的提倡和表彰,正是由于社会特别欠缺这种德行的缘故。老子的此段论述是对辩证思想的充分运用。同理，在心理咨询过程中，即使有移情与反移情的不利情况出现，咨询师也没必要灰心和气馁，反而应清醒地认识到，也许，咨询开始出现好的转机了。越是出现不利局面，越应该好好把握其中蕴藏的机会。

咨询过程中对心理测量的“取”与“舍”

“以道佐人主者，不以兵强天下。”（第三十章）按照道的法则去辅佐君主的人，不会靠武力来征服天下。“兵者，不祥之器，非君子之器，不得已而用之，恬淡为上。”（第三十一章）兵器是不吉利的器物，不是君子应该摆弄的东西，只有在不得已时才去动用它，平时最好漠然处之。

老子在《道德经》中不提倡使用武力，认为动武用兵是不得已而为之，圣人尊道而贵德，则可以“陆行不遇兕虎，入军不被甲兵。兕无所投其角，虎无所措其爪，兵无所容其刃。夫何故？以其无死地。”（第五十章）在陆地行走不会受到兕牛和猛虎的侵害，在战争中也会免遭杀伤。因为兕牛找不到用角去触他的地方，猛虎也寻不到用爪子去抓他的机会，兵器又无法去刺向他。以上这些是为什么呢？因为他本身没有进入这些可以致死的境地。

从某种程度而言，心理测验（mental test）就相当于心理咨询过程中的“兵”，在咨询中起到独特的作用。但根据老子的理论，兵不可常用，心理咨询最根本的是要把握咨询之“道”，咨询师用他的心来给来访者做咨询，心理测验则是不得已而用之，在该用的情况下才用，而不是滥用。

心理测验是根据一定的法则和心理学原理，使用一定的操作程序对人的认知、行为、情感的心理活动予以量化。心理测验是心理测量的工具，心理测量在心理咨询中能帮助当事人了解自己的情绪、行为模式和人格特点。

“心理测量是一把刀。刀可以杀人，也可以切菜，用对了有好处，用得不对会闯祸。”赵介城先生是上海市心理卫生学会理事兼心理评估专业委员会主任委员，每次他在心理测量培训班讲课，总要重复这句话。

1973年美国的一项心理学实验可以充分显示心理测量的危险性。实验是一所大学的心理研究所组织实施的,参加实验的除一位心理学教授,还有7名年轻的心理学工作者,他们先后走进精神病院,声称自己幻听,结果在测试后无一例外被当作精神病人而关进医院。

住院后,他们再也没有提及那些声音,而且行为非常正常,但医生们仍然坚持教授等人就是精神病患者。反而是与那位教授同病室的几个精神病人看出了端倪:"你根本就不像一个疯子,你可能是一名记者,或者是一名大学教授,是来医院体验生活的吧?"

赵介城认为,心理测量是一个专业性很强的科学工具,使用量表的人必须通过资格考试,拥有资格证书。遗憾的是,国内至今还没有这类资格考试,量表的使用也混乱无序。

华东师范大学心理测量研究中心主任金瑜教授在讲授"心理测量的保密与控制使用"时,脸上充满无奈的悲哀。这位老师告诉她的学生,目前很多不负责任的心理工作者,擅自把一些心理测量的题目公开,使得测量结果越来越不可信。"这是一个莫大的悲哀!"

高考试题一旦泄密,整个考试还有什么意义?即使高考试题泄密,或者还可以使用副卷,或者重新命题,而编制一张心理测量的量表就不那么简单了,有些复杂的量表需要耗费数年时间和数百万元的资金。

遗憾的是,在许多人眼里心理测量不过就是一门考试,量表不过就是一张考卷,量表里的测试题,公布一下又有何妨?

公务员考试、企业招聘、干部选拔等无不增设心理测试,精明的出版商纷纷推出各种心理测试模拟试题,量表在不断泄密的过程中大幅贬值。

金瑜教授对一部分智力落后儿童进行调查时发现,医院用来鉴定这些儿童的心理测量工具,依然是龚耀先修订的韦克斯勒儿童智力量表第二版,许多常模(标准)还是1985年制定的,而在美国,韦克斯勒儿童智力量表已经修订到第四版了。"这根本不能反映儿童真实的智力水平,却还要用来确定一个孩子的教育规划,实在太可怕了!"

张厚粲教授也认为,她在1986年修订的韦氏量表第二版,国内一直沿用至今，常模也是当年的常模，从来没有更新，“几十年里，中国的变化太大了，现在这些量表都已经过时，已经没有意义了”。

心理测量量表与全球通用的标尺毕竟不同，它与社会文化息息相关。20 世纪 80 年代中期，国内一度掀起一股翻译和修订国外量表的热潮，所谓修订就是本土化，目前国内普遍使用的国外量表几乎都是在那个时期修订的，量表陈旧、常模过时成为普遍现象。

修订的水平也直接影响心理测量的可信度。林紫心理咨询中心咨询师林伟近年从德国留学回来，在使用人格测量量表 SCL—90 时，她惊讶地发现，一些专为西方人设置的题目依然存在，并且这个量表的计算机化测量报告用语非常直接和刺激，比如会出现“严重忧郁”这样的字眼。

于是在测试前，林伟都要给测试者“打预防针”，告诉他们“测量为辅，分析为主”，以防测试者被刺激的结论误导。林伟说，在心理咨询过程中，她只相信测量结果的 20%。

张厚粲教授表示，1986 年后她不再修订国外量表，原因是版权问题。心理测量量表版权极其昂贵，张厚粲于 1986 年到美国，准备购买量表，可是发现根本付不起那笔费用。1986 年修订的韦氏量表等国外量表沿用至今，无力购置新的量表也是重要原因。

张厚粲最近又准备着手修订最新版的韦氏量表，因为没有钱买版权，只能帮美国人做“中国版”，版权依然归国外公司，中国人可以付费使用。

在美国，心理测量量表作为特殊商品，必须凭资格证才能向测量公司购买，这张证书至少要心理学硕士以上才有资格考取。全世界的心理学家看到中国人自由叫卖心理测量量表，无不瞠目结舌。

很多不太专业的心理咨询师为了在来访者面前展示自己的“专业技能”或是因为对来访者的问题无从下手而在心理咨询初期使用心理测验。大多数的来访者并不知道使用心理测验是要非常慎重的。

就心理测验本身而言，每种心理测验多多少少都存在着一些不足，比如易受被试特点、测量环境、被试心境等影响。大部分的心理测验虽然信效度尚可，但是心理测验有一个很大的特点，就是适用于某一团体但应用于个体时信效度却很低。也就是说，测验一旦应用于个体，它所能测量出来的正确的东西就很少了。

比如说九型人格测验,如果把它应用于对某一个体的人格描述,那么它的结果只有一部分是有效的,毕竟每个人都是独一无二的,把全世界60多亿人分为九种类型只能是大概地了解一个人的人格特点。有很多人高估了心理测验的作用,所以容易在咨询过程中过多或错误应用心理测验,其实在咨询过程中一般是不使用心理测验的。

一般来说,使用心理测验需要经过一段时间。首先,咨询师和来访者建立了可靠的咨询关系,其次,咨询师要对来访者的问题有了较深入的了解。这样,才能在咨询师对心理测验的功能、特点和优缺点的了解的基础上选择一个合适的心理测验。咨询初期就使用心理测验是有欠妥当的。

这同时说明使用心理测验对心理咨询师的要求是比较高的,使用心理测量的心理咨询师必须有足够的心理学专业知识和技能,心理学专业知识和技能欠缺的心理咨询师或许知道如何使用心理测验,但如何选择合适的测验和如何联系实际咨询情况来解释测验结果对他们来说是一个很大的问题。

作为心理咨询的辅助决策工具,心理测验在咨询过程中并不总是带来有利的影响。比如,有些咨询师会使用测验将来访者的问题归类从而作出诊断。一旦建立诊断,我们会倾向于选择地忽略病人不符合诊断的方面,相应地过度注意那些可能证实我们最初诊断的特征。同时,诊断可以作为一个自我实现的过程。咨询师把病人看作"边缘型"或"歇斯底里型",并与他们建立关系,可能会促进和推动来访者表现出这些相应特质。

每一张心理测量的结果单上一般都写着一句话:"测量结果仅供参考。"很多人认为这是医院或各种心理机构用于免除自己的责任而写的。实际上,心理测量不是心理健康的唯一标准,它是以心理健康社会常模(常模是由具有某种共同特征的人所组成的一个群体,或者是该群体中的一个样本)为标准测验得出的结论,但常模标准常常又是动态的,也会受多方面因素的影响。例如,常模是20世纪七八十年代的标准,现在我们却生活在物质发达的21世纪,所见所想当然不一样,但是常模却从那时起便没有更新。如果我们单纯地只看结果,那么这个测量结果对于测试者来说是不负责任的。

看结果时，被测量者当时做测试时的状态也至关重要。有的人在进行测量时是一种心态，而在其他时间又是另一种心态。有的人是为了某种目的来做测量的，那么他的回答或者表现状态是为了达到目的而进行的一种伪装。有些暗示性强的人则在做测量题时容易受到各种暗示的干扰而影响自己理性的判断，从而也会影响到测试的结果。

曾经有一个做智力测试的小朋友，开始时问什么问题都答不知道，让他做什么操作都不动手，只告诉测量师说不会，但其他交流及眼神都还不错。与家长交流后发现这个小朋友曾被汽车撞伤过，需要进行鉴定。测量师经过与家属讨论、讲道理，最后这个小朋友重新开始认真做检查，结果也就更加可靠。

另外，心理咨询师与来访者就测量结果进行讨论是必要的也是必需的。心理测量的目的是帮助来访者了解自己、接纳自己并正确认识自己的一种工具。因此，在测试中，来访者的感受和回应是很重要的。测量是死的，而接受测量的则是活生生的人，他(她)的认识和感受是测量结果无法忽略的重要部分，所以咨询师不应该强迫来访者接受或者盲目崇拜任何测量结果，而是要诚心与来访者认真进行讨论和分析。

测量不是解决所有心理问题的捷径，但却可以为咨询师解决问题提供一种相对系统科学的参考。我们无须盲目崇拜心理测量的结果，也无须贬低心理测量的价值，我们只需要客观、理性对待它。

对心理测验的结果，可信，但不能全信。测验仅仅是一个参考工具，不能将其结果视为信条，它只能算是判断一个人心理状态的一个参考。然而，一些心理咨询师将一次测验结果视为医生看病的诊断，甚至看到别人的测试结果就武断地给其贴标签。比如，某一量表的抑郁判定分数是高于40，来访者得分为41分，就武断地判断这名来访者得了抑郁，这种做咨询的态度是十分危险的。要明白，任何心理测验都不可能100%地诊断一个人，不能仅仅凭一次测验就给来访者盲目贴标签。

大多数来访者却对心理测量特别感兴趣，如果在心理咨询过程做了心理测量,就会觉得钱花得很值。一些心理咨询机构抓住了这种盲目心理,有的甚至规定来访者要先做心理测量才能和咨询师交谈。心理测量被设计为一种"盈利模式"。例如,SCL-90测焦虑倾向,SDS测抑郁倾向,两个量表的使用背景是测试者已有抑郁倾向,不应该拿来测量健康人,因为测出来的结果一定有抑郁倾向。不少来访者对咨询师说的第一句话,就是"我是抑郁症患者",说完便会掏出一份心理测评报告单。实际上,他们中的许多都是健康人,只是在看到心理测量结果后受到了暗示。

心理测验只是一个辅助工具,不能乱用,更不能滥用。许多咨询师把心理测验当作咨询工作的必要工具甚至法宝,这是很危险的。

咨询过程中的"刚"与"柔"

"柔弱胜刚强。"(第三十六章)柔弱的必能胜过刚强的。"天下之至柔,驰骋天下之至坚。无有入无间。"(第四十三章)天下最柔弱的东西能在最坚硬的东西中穿行,虚无的空间可以渗入到密集的物质中。"反者道之动,弱者道之用。"(第四十章)道的运动是向相反的方向发展,道的特点就在于它能保持柔弱的状态。"物壮则老,谓之不道,不道早已。"(第五十五章)事物强盛到极点就会走向衰老,衰老是不遵循道的结果,不遵循道就会早早灭亡。"故坚强者死之徒,柔弱者生之徒。是以兵强则灭,木强则折。强大处下,柔弱处上。"(第七十六章)追求刚强是条死亡之路,保持柔弱是条生存之路。因此,穷兵逞强就会遭受灭亡,树木粗壮超群了就会遭受砍伐。凡坚硬强大的东西最终总是处于下降的趋势,柔弱微小的东西却总是居于上升的趋势。"弱之胜强,柔之胜刚,天下莫不知,莫能行。"(第七十八章)弱胜强,柔胜刚的道理,天下人都知道,然而却没有人能够照着做。

老子在《道德经》中多处论述了柔弱胜刚强的道理,对心理咨询有重大的启发作用。在心理咨询过程中,咨询师处于主导地位,那么,他是以柔弱还是以刚强的姿态来对待咨询过程呢?老子给出了明确的答案。

"万物恃之以生而不辞,功成而不有。衣养万物而不为主。"(第三十四章）大道无私，道生天地万物却不与万物争高下，养育而不占有，给予却不自傲，无私奉献而不求索取。“生之畜之，生而不有，为而不恃，长而不宰，是谓玄德。”（第十章）大自然养育万物，但生养了它们却不占为己有，帮助了它们却不依赖它们，成就了它们却不去支配它们。做到这一切，便是具有了最高尚的品德。

心理咨询师应秉承天地生生不已、衣养万物万类的精神，让来访者自由生长发展，帮助来访者却不据为己有，引领来访者却不自恃有功，成就来访者却不做他们的主宰。当令人满意的咨询效果出现后，心理咨询师不但不据为己有、贪为己功，反而把那份功劳归于来访者，这才是最高尚深远、至大至公的德。

“天地所以能长且久者，以其不自生，故能长生。是以圣人后其身而身先，外其身而身存。非以其无私邪？故能成其私。”（第七章）天地之所以能够长久存在，原因在于它们的存在不是为了自己，所以能够这样持久。因此，圣人遇事总是把自己的利益放在最后，反而能够领先；把自己置之度外，反而能够保全。这不正因为圣人无私吗？所以，无私反而成就了他们的功业。天长地久给心理咨询的启示就是“不自生”，正因为咨询师不把私利放在第一位，结果反而成就了他最大的私利——大师的名声。

“不自见，故明；不自是，故彰；不自伐，故有功；不自矜，故长。”（第二十二章）他们不自我张扬，所以才名传天下；不自以为是，所以才有所显扬；不自我夸耀，所以才功勋卓著；不自高自大，所以才显得高于众人。咨询师清楚自身的限制和不足，能坦然面对自己人性的不完美；不会因为权力斗争而坚持固守自己的咨询方案；不会为了证实自己而把自我的需要置于来访者之上；不会利用自己地位的优越性来满足自己内心隐秘的需求；不会向来访者传送出某些微妙的信息，诸如照顾他的感受、顾及他是“好咨询师”的心理需要等。

“夫唯弗居，是以不去。”（第二章）正因为不居功，所以也不会失去什么。高水平的咨询师不刻意让别人把自己当权威，始终忠实于来访者人性的成长，反而赢得来访者更大的尊敬和信任，为来访者的内在智慧提供了安全的空间，使其被解放了的意识能有更大的自由去觉知内心的体验。“以其终不自为大,故能成其大。”(第三十四章)正因为咨询师在内心不自以为大,所以才能成就他至高的大。

“上善若水。水善利万物而不争,处众人之所恶,故几于道。”(第八章)道德高尚的人像水一样。水具有施利于万物而不与万物相争的美质,安然于众人所厌弃的低洼之处,所以说它的行为最接近道的准则。“天下莫柔弱于水,而攻坚强者莫之能胜,以其无易之。”(第七十八章)天下没有比水更柔弱的东西了,然而穿透坚硬岩石的力量没有能够比得过它的,也没有能够代替得了它的。高水平的咨询师会自然地以老子的不争精神进行工作,会根据来访者需求的不同,在不同的时间以不同的方式表现自己,但无论以什么样的姿态出现,咨询师始终以来访者的自我发展作为中心,每当咨询进程陷入阻塞时,他会乐意放弃自己努力的方向,留出足够的空间等待其他直觉的出现。

在令人惊喜的咨询效果出现后,却让来访者以为这一切不过都是自身努力的结果。但不少咨询师经常会夸大自身对咨询成功的贡献,而忽略了来访者在此过程中所付出的巨大努力。实际上,咨询师并未创造出任何新东西,只是帮助来访者确认了其自身机体的智慧。因此,咨询师更像助产士,只是为来访者提供辅助性的作用,新生命一旦分娩诞生,属于谁那是不争的事实。

咨询过程中的“快”与“慢”

“飘风不终朝,骤雨不终日。”(第二十三章)狂风刮不了整整一早晨,暴雨下不了一整天。“企者不立,跨者不行。”(第二十四章)踮起脚跟想比别人站得高一些的人,难以站稳;迈开大步想走得快一些的人,走不长远。“九层之台,起于累土;千里之行,始于足下。”(第六十四章)九层的高楼,由一筐筐土筑起;千里的行程,开始于脚下。

现代商业社会追求“速效”“速成”,以及各样的“完美感受”,由此催生了各样的“神话”:广告把商品渲染得淋漓尽致、完美至臻,映衬着现实的残缺和不可忍受，刺激人们内心的欲望，驱使人去压榨自己和压榨他人，不惜一切追求完美体验；医药广告把人的身体描述成病症的载体，引发人们对自身的恐慌，然后兜售"速效"或"高效"药品、保健品；层出不穷的培训宣传，把生活现状和未来描绘得危机四伏、令人担忧，然后让人们疯狂去追求各种"速成"的证书，从而获得心理的安慰；还有许多书籍、思想、主义、疗法纷至沓来，到处都是演讲、培训班，向人们倾销自己的"法宝"……

人们变得更加焦虑了，这种焦虑不是因为我们缺乏"意义"，而是我们生活在太多的"意义"里。但在所有这一切的背后，我们发现一个魔怪般的驱动力：经济利益。

在心理咨询领域也存在这样的现象：受到经济利益驱动，治疗师们宣称各自拥有可以创造奇迹的治疗神话——速效的、可以根治的各种药物与疗法。

许多人因为长期遭受痛苦的折磨而寻求心理咨询，他们往往急不可待地要求得到一个一下子可以解决一切的方法，这就是他们寻找的神话或魔术。他们以为，只要把自己的问题交给咨询师，咨询师把这些问题"接管"过来，给出方法，就万事大吉了。

但是，咨询师不是魔术师，不是神仙，他的工作不是变戏法，可以把心理问题一下子变没了，也不是动手术，可以把心理问题一下子切除掉。成熟的、负责任的、专业的心理咨询师需要处理这种要求神话或神迹的心态，要向对方澄清以下一些方面：

(1) 心理咨询需要在一个过程中产生效果，这个过程有时甚至是长期的、艰难的。

(2) 心理咨询不是暴风骤雨般的革命，而是循序渐进的改良；心理咨询促进成长，但不拔苗助长。

(3) 心理咨询不是咨询师一手操纵，也不是单凭咨询师一己之力就可以完成的。在心理咨询的整个过程中，都需要咨询师与来访者彼此信任，共同合作，通过生命的互动，彼此的了解，最终达到治疗的目的。

(4) 心理咨询师是真诚、简约、现实的，他知道症状不是一个孤立的、偶然的现象，在其背后总有复杂的"发生因素"和"维持条件"，而这些因素和条件既有现实的根由,又有内在的动因。因此,咨询师会把问题放在当事人的成长过程和生活系统里加以考察,了解问题的本质,探索问题产生的根源,包括当事人的成长环境、生命经验、生活状态,以及他的情绪反应、观念系统、行为模式、生活风格,及其更深的潜意识动机。咨询师不仅需要自己去了解和理解,同时也帮助当事人自己从中获得觉察。

(5) 心理咨询的过程还包括,针对当事人的基本情况,咨询师需要选择有效的辅导或治疗方式,并且按步骤去实施,逐渐帮助当事人在情绪上有所缓解,在理解上有所更新,在行动上有所改变。这不仅是一个解决问题的过程,更是一个促使当事人获得成长的过程。

美国心理学家推孟(Lewis M. Terman)说:"虽然治愈来访者是一项崇高的目标,但生活却是与困境不断作斗争的结果,而且是不断发展变化的。那种认为可以一次性治愈来访者的观点,对辅导人员和来访者双方都是很危险的。"

完成一个心理咨询的过程,让心理咨询产生效果,这不是一蹴而就的,需要协调多种因素在其中发生作用。其中,最基本的是,如果没有来访者的真正参与和全面配合,就不可能产生真正的咨询或治疗效果。

咨询过程的结束:"功遂身退,天之道"

在即将结束咨访关系时,来访者会对咨询者产生一种被称作分离焦虑的情感,咨询者要让来访者树立自己能独立处理问题的信心。同时,咨询者要向来访者保证自己对他(她)的友谊,并且保证你对他(她)是开放的,可以随时与你取得联系或者再来访。也有不少治疗是采取逐渐增加来访的间隔时间来逐渐过渡到终止咨询,比如由一周一次会谈改为两周一次、一个月一次,等等。

"功成名遂身退,天之道。"(第九章)功成名就然后隐退,是合乎自然规律的。当来访者的真知灼见浮现时,咨询师应效法天地自然而然的法则,大功告成之日,即为功遂身退之时。正如《金刚经》第十七品所言:"我应灭度一切众生，灭度一切众生已，而无有一众生实有灭度者。”如雁过长空，风来竹面，不着丝毫助人之念在胸中。

在咨询结束阶段，如果咨询师不主动推动来访者回归社会，来访者容易依赖咨询。

李春（化名）因为神经衰弱、失眠而不愿工作，前来进行咨询。经过一段时间的咨询，他的神经衰弱症状基本治愈，但他仍然不愿意工作，而是“想要继续解决自己其他的心理问题”，想要把问题解决完再工作。

我当时已经比较有临床经验了，因此，我看出他其实不完全是为了解决问题，而是为了继续依赖咨询师这个帮助者做拐棍，而逃避成年人应该承担的生活的要求。如果我继续给他分析他找到的其他“问题”，那就帮助他拖延了工作的任务。于是我向他指出这一点，并与他分析讨论，经过几次咨询的讨论，他自己提出减少咨询次数，并主动出去找工作。

像这位来访者的情况，是已经到了咨询后期，咨询后期的任务不再是无休止的咨询，而是帮助来访者回归社会，逐渐能自己支持自己，自己分析解决问题。

在这个阶段，来访者经常会因为渴望继续被帮助而想要停留在咨询中，不去面对外界的压力，这时咨询师需要给他们“温柔一推”，并及时与他们讨论这样做的意义，大多数来访者会欣然选择进步。

对于咨询师来说，工作的目标不是让求助者永远需要他，而是让自己成为一个不必要的人，即当事人不再需要他。当来访者觉得心理咨询对他不再必要时，心理咨询的任务就基本完成了。这时，来访者跟咨询师的关系就结束了，他回到生活中去，投身于学习、工作以及各种成长活动中，让自己发展成越来越好的自己。

咨询关系结束了，咨询师与当事人各自保留着一种秘而不宣的温暖感觉。咨询师的感受就如同把孩子养育长大的父母，他陪伴当事人度过了一段人生的艰难旅途，看到当事人正在成长和成为人类群体中健康而优秀的分子时，他（她）心里充满了欣慰之感。

咨询关系的结束,是来访者全新生命的开始。

咨询是一项高度专业性的职业,有很多原则、规定和技术。“乱花渐欲迷人眼”,在令人眼花缭乱的各种技术中,遵循咨询之“道”是根本,我们要明白咨询的本质是什么。咨询师需要按照专业的培训和学习道路来成长,以使自己在咨询中遇到各种情况时有据可循、有法可依,自己能够分析判断问题所在,而不能仅凭热心和经验、仅凭自己的理解来做咨询。这样,才能正确处理心理咨询中的很多复杂情况。

参 考 文 献

[1] 老子. 道德经[M]. 长沙：岳麓书社，2011.

[2] 李耳. 道德经[M]. 南昌：江西人民出版社，2016.

[3] 黄姗，陈小萍. 当代中国心理咨询与治疗本土化的途径[J]. 牡丹江师范学院学报(哲社版)，2006，6：121-122.

[4] 王强. 老子《道德经》新研[M]. 北京：昆仑出版社，2002：122-224.

[5] 南怀瑾. 老子他说[M]. 上海：复旦大学出版社，1996.

[6] 荣格. 分析心理学的理论与实践[M]. 成穷等译. 北京：生活・读书・新知三联书店，1991：7.

[7] 荣格. 荣格文集[M]. 冯川等译. 北京：改革出版社，1997：136.

[8] 陈仲庚、张雨新. 人格心理学[M]. 辽宁出版社，1986：285.

[9] 彭运石. 走向生命的巅峰——马斯洛的人本主义心理学[M]. 武汉：湖北教育出版社，1999.

[10] 弗兰克・G. 戈布尔. 第三思潮——马斯洛心理学[M]. 吕明，陈红雯，译. 上海：上海译文出版社，2001.

[11] 柯林・威尔森. 马斯洛和后弗洛伊德主义[M]. 杜新宇，译. 北京：华文出版社，2001.

[12] 郭本禹. 弗兰克尔的意义治疗. 中国临床心理学杂志，1997：15(4).

[13] 森田正马. 神经衰弱和强迫观念的根治法[M]. 臧修智，译. 北京：人民卫生出版社，2002.

[14] Gregory J. Johnson, Ronald S. Kurtz.《道德经》与心理治疗[M]. 张新立，译. 北京：中国轻工业出版社，2004.

[15] 胡萍. 老子思想对心理治疗的启示[J]. 南京中医药大学学报(社会科学

版),2009,10(1): 50-52.

[16] Edmund Hermsen. Person-centered psychotherapy and Taoism: The-reception of Lao-Tzu by Carl R. Rogers[J]. International Journal of the Psychology of Religions, 1996. vol 6(2). p. 107-125.

[17] Sachiko Hayashietal. Theclient-centered therapy and person-centeredapproachinJapan: Historical development, current status, and perspective[J]. Journal of Humanistic Psychology, 1992. vol 32(2), p. 115-136.

[18] Carl R. Rogers. Away of being[M]. Houghton Mifflin Company, 1980, p. 41-42.

[19] R. Rocco Cottone. Theories and paradigms of counseling and psychotherapy[M]. Allyn & Bacon. 1992. p. 126-128.

[20] Carl R. Rogers. Onbecoming a person[M]. Houghton Mifflin Company. 1989, p. 196.

[21] Frankl, V. Man's Search for Meaning[M]. New York: Washington Square Press, 1984.